KB044365

지구인의 우주공부

지구인의 우주공부

**SF가 현실이 되는
이 시대의 우주 이야기**

이명현 지음

바다출판사

일러두기

- 이 책은 <경향신문>의 '별별천문학' 연재를 토대로 했습니다.
- 천문 용어는 한국천문학회의 사전을 참조했습니다.
- 본문은 국립국어원의 표기법을 따랐지만 경우에 따라 예외를 두었습니다.

차례

1장 ✧ 빅뱅과 우주론

2장 ✧ 은하와 태양계

3장 ✧ 암흑 물질과 암흑 에너지

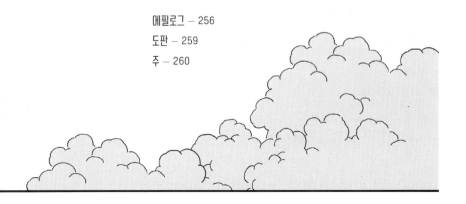

우리 은하 The Milky Way와 우리의 위치

우리 태양계가 속한 은하.
우리가 관측한 우주에 2조 개의 은하가 있다고 추정된다.

• 유형: 막대나선은하.
• 규모: 지름 약 10만~18만 광년.
• 구성: 1천억~4천억 개의 항성(별)과 그 주위를 공전하는 1천억 개 이상의 행성.

수십 개의 은하가 중력으로 묶여 함께 움직이는 집단,
국부 은하군에서 안드로메다 은하와 함께 가장 큰 은하이다.
이 두 은하는 국부은하군의 중심에 있다.
안드로메다 은하와 우리 은하는 40억 년 후에 충돌할 것으로 예측된다.

방패-센타우루스자리 팔

궁수자리 팔

은하의 팽대부

초거대질량 블랙홀
(궁수자리 블랙홀)

페르세우스 팔

오리온자리 팔

○ 태양계

우리 태양계

은하의 팽대부

할로우 영역
별이 존재하지만 원반에 존재하는
별들보다 현저히 적다.
구상성단도 주로 이곳에 존재한다.

나선 팔로
형성된 원반

나선 팔을 따라 먼지와 가스로 이루어진 성간 물질이 있다.
이곳에서 주로 별이 탄생하고 죽는다.

천체 우주에 존재하는 물체. 항성, 행성, 위성, 성단, 성간 물질 등을 통칭한다.

항성 스스로 빛을 내는 천체. 별. 일상에서 태양을 별과 분류하지만 태양은 무수한 별 중 하나이다. 우리 말로 한자 별 성(星)자는 항성과 행성에 모두 쓰이지만 행성은 별이 아니다. 책에서는 태양과 항성, 별이 문맥에 따라 혼용되었다. 태양은 지구에서 가장 가까운 별이며, 태양계의 중심에 있는 별이다.

행성 스스로 빛을 내지 못하는 천체. 중심에 있는 항성(별)의 강한 인력으로 타원 궤도를 그리며 항성(중심 별) 주위를 돈다.

성간 물질 별이 아닌 가스와 먼지 상태의 물질. 보통 수소가 가장 많다.

성운 성간 물질(가스·먼지)이 구름처럼 뭉쳐 있는 천체. 수소가 75퍼센트를 차지하며 나머지 대부분은 헬륨이다. 항성(별)이 탄생한다는 것은 성운 속에서 성간 물질이 뭉쳐서 빛을 내기 시작했다는 것을 의미한다.

암흑 물질 빛을 내지 않지만 우리 은하의 질량 대부분을 차지한다. 주로 우리 은하 외곽에 존재한다.

은하 별·가스·먼지로 된 성간 물질과 암흑 물질 등이 중력으로 묶여 있는 거대한 천체. 태양의 1억 배에서 100조 배 질량이다. '관측 가능한 우주' 안에 존재하는 은하는 2조 개로 추정된다. 우리가 관측한 우주에서 얻은 자료를 바탕으로 관측 가능한 은하의 수를 추정한 숫자이다.

태양계: 지구가 속한 항성계. 나선 팔의 작은 가지에 위치해 있으며
46억 년 전 탄생했다. 우리 은하의 중심에서 약 2만 6천 광년 떨어져 있다.
초속 약 250킬로미터로 움직이며 은하의 중심을 기점으로 공전한다.
태양계 외곽은 오르트 구름으로 둘러 싸여 있다.

1장

빅뱅과 우주론

✧ 관측 가능한 최초의 빛 ✧

온 세상에 존재하는 물질의 기본 재료는 최초이 대폭발, 빅뱅 직후 약 3분에 걸쳐서 생성되었다. 이를 두고 '최초의 3분'이라고 한다. 태초의 빛이라고도 불리는 우주배경복사 또한 이때 생성되었다. 이 빛의 발견은 대폭발(빅뱅) 우주론을 입증하며 20세기 천문학에서 가장 중요한 관측으로 꼽힌다. 최초의 폭발 이후 약 38만 년이 지났을 때를 빛·물질 분리 시기라고 부르는데 지금의 우주는 이 시기보다 약 1천 배가 커졌고 당시 출발한 빛의 파장은 약 1천 배 늘었으며 온도는 약 1천 배 낮아졌다. 이 빛은 오늘날 지구에서 절대온도 3도(섭씨 영하 약 270도)의 우주배경복사로 관측되는데 우리가 관측할 수 있는 가장 오래된 빛이라고 할 수 있다.

지금으로부터 이십 년 전쯤 부산에서 친구의 결혼식이 있었다. 서울로 돌아가는 기차를 기다리는 동안 아들 녀석과 의기투합해서 부산역 앞의 만화방에 들렀다. 아들 녀석은 《드래곤볼》을, 나는 《천국의 신화》를 빌려 보았다. 음란성 시비와 표현의 자유 공방으로 더 유명해졌던 《천국의 신화》는 한민족의 창세 신화를 다룬 만화가 이현세 씨의 역작이다. 그런데 흥미롭게도 이 책의 1권 첫 장이 '대폭발'로부터 세상이 창조되었다는 이야기로 시작한다. 현대인들의 마음속에 굳건하게 자리 잡고 있는 빅뱅 패러다임의 한 단면이다.

20세기 천문학에 있어서 가장 중요한 관측적 성과로 꼽히는 '우주의 팽창'과 '우주배경복사'의 발견은 대폭발 우주론이 현대 표준 우주론으로 자리 잡는 데 큰 기여를 했다. 아인슈타인의 이론에는 이미 우주가 팽창할 수 있다는 가능성이 내포되어 있었는데 우주가 팽창하고 있다는 사실을 처음 관측한 사람은 허블이었다. 더 멀리 있는 은하일수록 더 빨리 우리로부터 멀어진다는 것이다. 은하는 별, 성간 물질, 암흑 물질 등이 중력으로 묶여 있는 거대한 천체이다. 우주가 팽창하고 있다면 마치 영화 필름을 되감듯이 시간을 거슬러 올라갔을 때 모든 시간과 공간이 소멸되는 우주의 시작점에 도달할 것이다. 약 138억 년 전일 것으로 추정되는 이 시점에서 '대폭발'이 있었다. 여기서부터 우리가 살고 있는 우주가 시작되었고 초기의 급팽창 이후 팽창을 거듭해 오면서 현재에 이르렀다.

초기 우주의 온도와 밀도는 아주 높았다. 대폭발 이후 이 고

온·고밀도의 조건 속에서 우주를 이루는 물질의 기본적인 재료들이 약 3분에 걸쳐서 생성되었다. 이를 두고 보통 '최초의 3분'이라고 말한다. 대폭발 후 38만 년 정도가 지났을 때를 빛·물질 분리 시기라고 부르는데 이 시기에는 중성 수소 원자가 대거 생성되면서 우주가 투명해졌다. 이때 우주의 온도는 절대온도로 약 3천 도(섭씨 약 2700도)인데 이때 만들어진 빛은 흡수되거나 산란되지 않고 자유롭게 우주 공간을 누볐다. 이때 지금의 우리를 향해 떠난 절대온도 3천 도의 빛은 우주의 나이, 약 138억 년 동안 여행을 하게 된다.

우주가 팽창하면 우주의 온도와 밀도가 감소하게 된다. 예를 들어 우주의 크기가 두 배 커지면 온도는 두 배 떨어지고, 우주가 열 배 커지면 온도는 열 배 낮아진다. 현재의 우주의 크기는 빛·물질 분리 시기에 비해서 약 1천 배가 늘어났고 이때 출발한 빛의 파장도 약 1천 배 늘어났다. 따라서 에너지가 감소하게 되었고 온도도 약 1천 배 낮아진 장파장 저에너지의 빛으로 바뀌게 되었다. 이 빛은 오늘날 지구에서 절대온도 3도(섭씨 영하 270도)의 '우주배경복사'로 관측되는데 우리가 관측할 수 있는 가장 오래된 빛이라는 점에서 '최초의 빛'이라고 부른다. 미국 항공우주국NASA에서 1989년에 발사한 코비 인공위성으로 이 '최초의 빛'을 체계적으로 관측한 결과를 보면 초기 우주에는 물질들이 아주 균일하게 분포하고 있었던 것으로 보인다. 그런데 거의 균일하고 등방等方에 가까운 초기 우주에도 한 곳과 다른 곳 사이에 미세한 밀도 차이가 있었다는 것이 추가로 관측되었다. 이러한 미세한 밀도 분포의 차이가 별과 은하 형성에 대한 비밀의 열쇠였다. 미세했던 밀도 차이는 우주가 팽창하고 진화해 가면서 점점 더 심화되었고, 밀도가 큰 곳을 중심으로 가스 구름이 중력 불안정으로 수축을 시작하면서 별과 은하가 형성되기 시작했다. 대폭발 후 몇억 년이 지났을 때의 일이다.

가장 강력한 대폭발 우주론의 증거가 바로 이 우주배경복사의 발견인데 1948년에 구소련 출신의 미국 물리학자, 조지 가모브는 초기 우주의 고온·고밀도 상태에서 나온 열복사가 지금도 존재할 것이라고 예측했다. 참고로 모든 물체에서는 전자기파가 방출되는데 이를 복사라고 한다. 열복사는 특히 물질 내에 있는 입자들의 열적 요동 때문에 방출되는 전자기파를 일컫는다. 1965년에는 벨 연구소에서 일하던 펜지아스와 윌슨이 우연히 우주배경복사를 발견했는데 두 사람은 이 발견으로 1978년, 노벨 물리학상을 받게 되었다. 당시 프린스턴 대학교의 천문학자들도 우주배경복사의 존재를 확신하고 특수 안테나까지 제작하면서 치밀한 관측 준비를 하고 있었다고 하니 그들이 벨 연구소의 발견 소식을 듣고 얼마나 허탈했을지 짐작이 가고도 남는다.

우주론은 우주와 그 안의 질서를 연구하는 학문이다. 1959년에 천문학자를 대상으로 한 조사에서는 대폭발 우주론Big bang theory과 정상 상태 우주론Steady-State cosmology을 지지하는 비율이 33 대 24였다. 정상 상태 우주론은 우주가 처음부터 줄곧 아무 변화 없이 지금의 모습과 같았다고 보는 견해이다. 그런데 우주배경복사가 관측된 이후인 1980년에는 69 대 2로 벌어졌다. 대폭발 우주론이 우주배경복사를 설명할 수 없었던 정상 상태 우주론을 압도하고 표준 우주론으로서의 지위를 굳힌 것이다. 1989년에 발사된 코비 위성으로 보다 정밀한 관측이 수행되고 나서는 대폭발 우주론에 대한 신뢰는 더 두터워졌다. 사실 우주 배경복사는 우리 눈으로 직접 확인할 수 있다. 텔레비전을 켜고 빈 채널을 보라. 이때 보이는 수신기 잡음의 1퍼센트 정도는 우주배경복사에 의한 것이다.

대폭발 우주론에 의하면 우주가 지속적으로 팽창함에 따라 우주배경복사 온도도 감소해야만 한다. 그렇다면 과거의 어느 순간에 우주배경복사의 온도를 재면 현재 우리가 지구에서 측정한 값인 절대온도 3도, 즉 섭씨 영하 약 270도보다 항상 높아야 할 것이다. 예측되는 온도도 쉽게 계산할 수 있다. 예를 들면, 우주가 현재 크기보다 두 배 작았을 때의 온도는 현재 온도보다 두 배 큰 절대온도 6도 정도가 되어야 한다. 인도의 천문학자인 슈리아난드가 이끄는 연구팀은 칠레에 위치한 유럽남천문대 소속 직경 8.2미터의 VLT 망원경에 고성능 분광 관측 장치인 UVES를 부착한 결과, PKS 1232+0815라는 퀘이사에 대한 아주 정밀한 스펙트럼을 얻었다. 그런데 이 퀘이사와 지구 사이에 존재하는 어떤 은하 내의 가스 구름 때문에 생긴 탄소의 흡수선도 이 스펙트럼에 같이 나타났다. 이 흡수선을 분석해서 우주의 크

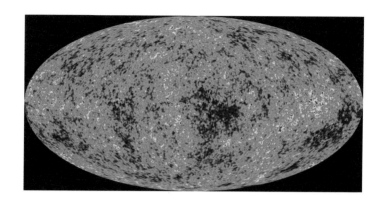

9년간의 WMAP 관측으로 만든 우주배경복사의 온도 변동을
색상 차이로 표현한 이미지. WMAP는 2001년에 발사되어 2010년까지 활동하면서
우주배경복사를 더욱더 정밀하게 관측했다.

기가 지금보다 약 2.34배 작았던 과거의 우주배경복사의 온도를
구했는데, 절대온도 6도에서 14도 사이로 밝혀졌다. 이것은 대폭
발 우주론이 예측하는 값 절대온도 9도와 일치한다. 우주배경복
사의 온도가 과거에 더 높았다는 사실을 관측적으로 보여 준 중
요한 결과라고 할 수 있다. 이들의 관측 결과는 〈네이처〉 2000년
12월호에 실렸다.[1] 이 관측 결과로 인해서 대폭발 우주론은 표준
우주론으로서의 위치가 더욱 견고해졌다. 하지만 한편으로는 프
린스턴 대학교의 존 버콜 교수의 말처럼 전혀 예상하지 못한 결
과가 나와서 모든 것을 처음부터 다시 생각해야 하는 '흥미로운'
상황이 생겼더라면 어땠을까 상상해 본다.

코비의 뒤를 이어서 등장한 위성, 윌킨슨 마이크로파 비등방성 탐색기WMAP는 2001년에 발사되어 2010년까지 활동하면서 우주배경복사를 더욱더 정밀하게 관측했다. 코비의 관측을 통해서 알려졌던 우주배경복사의 미세한 불균질성을 더 높은 해상도로 다시 확인했다.

WMAP은 우주의 나이, 허블 상수, 우주의 밀도 등 우주론의 계수들을 아주 작은 오차 범위 내에서 결정해 냈다. WMAP를 계승해서 2009년부터 2013년까지 활동한 유럽 우주국ESA의 플랑크 우주 망원경은 더욱더 정밀한 관측 결과를 내놓았다. 더욱더 높은 해상도로 우주배경복사를 관측해서 우주의 형성에 대한 이해를 높였다. 우주의 나이, 허블 상수, 보통 물질, 암흑 물질 그리고 암흑 에너지 상대적인 비율에 대한 가장 정밀한 값을 제공하고 있다. 플랑크 우주 망원경의 관측으로 정밀 우주론 또는 조화 우주론concordance cosmology의 시대가 드디어 도래했다고 해도 좋겠다. 조화 우주론이란 거의 모든 관측 값들과 이론이 조화롭게 잘 맞아떨어진다고 보는 견해이다. 펜지아스와 윌슨이 발견하고 코비 위성의 관측으로 세상에 그 모습을 드러낸 우주배경복사는 WMAP과 플랑크 우주 망원경을 통해서 그 정체를 더욱더 거침없이 드러내면서 우리들에게 대폭발 우주론의 비밀을 알려 주고 있다.

✧ 가변적인 우주의 나이 ✧

우주가 팽창하고 있다는 사실을 처음 관측한 사람은 허블이었다. 지금
도 우주는 팽창하고 있다. 우주가 팽창한다는 것은 더 멀리 있는 은하
일수록 더 빠르게 우리로부터 멀어진다는 의미이다. 허블이 발견한 우
주의 팽창은 이제 누구도 의심하지 않는 사실로 받아들여지고 있다. 그
렇다면 우주의 미래는 어떻게 될까? 팽창은 영원히 계속될 것인가? 아
니면 언젠가는 팽창을 멈추고 다시 한 점으로 모여드는 대붕괴를 경험
할 것인가? 이 문제의 배경에는 흥미진진한 우주의 나이 문제도 걸려
있다.

　첫 만남에 나이부터 따지는 전 국민적 습속 때문일까. 우주
에 대한 강연을 하다 보면 다소 연배가 있는 청중으로부터 많이
받는 질문 중 하나가 우주의 나이가 몇 살이냐는 것이다. 질문하

는 사람은 우주의 나이가 정확히 몇 살이라는 똑 떨어지는 시원한 답을 듣고 싶겠지만 내 답변은 한참 길어지곤 한다. 우선 '우주의 나이'가 무엇인지 그 개념부터 이야기해야 하기 때문이다. 만약 우주가 옛날부터 그냥 그대로 있었고 앞으로도 계속 같은 상태가 유지된다면 우주의 나이라는 개념 자체가 불필요할 것이다. 우주는 그냥 영원한 것이니까. 이 경우에 굳이 우주의 나이를 말하자면 무한대가 될 것이다. 하지만 우주는 그렇지 않다. 시작이 있었고 변화하고 있다. 결국 우주의 나이는 우주의 기원과 진화, 미래 이야기로 이어지기에 말이 길어질 수밖에 없다.

현재 우주는 팽창하고 있다. 그냥도 아니고 가속 팽창을 하고 있다. 계속 팽창하고 있다는 것은 어느 시점부터 과거의 우주가 현재 우주보다 항상 작았다는 의미이다. 과거로 가면 갈수록 우주는 더 작았을 것이다. 그렇게 과거로 과거로 더 가다 보면 우주의 팽창이 시작된 지점까지 도달할 것이다. 팽창이 시작된 그 시점부터 현재까지 우주는 팽창에 팽창을 반복해 왔다. 아주 작은 점에서 시작한 우주가 팽창을 통해서 광활한 현재의 우주가 되었고 앞으로도 계속 가속 팽창을 할 것이다. 이것이 우리가 알고 있는 현대 우주론이다. 대폭발 우주론이다.

우주가 팽창을 시작한 시점이 빅뱅의 순간이다. 그때부터 현재까지 팽창이 진행된 시간이 '현재 우주의 나이'이다. 현재 우주의 나이는 대폭발이 시작된 후 시간이 흘러서 오늘이 되기까지 걸린 시간이다. 천문학자들은 현재 우주의 나이를 약 138억 년으로 측정하고 있다. 대폭발이라는 이벤트 이후 138억 년이 지났다는 이야기다. 이런 개념을 보통 '현재'라는 말을 빼고 우주의 나이라고 부른다. 과거의 어느 시점에서는 '현재'의 우주의 나이가 120억 년이었을 것이다. 지금 대부분의 천문학자들이 동의하듯 우주가 가속 팽창하고 있는 것이 사실이라면 우주는 영원히 팽창할 것이고 궁극적으로 각 시점의 '현재'에서 측정하는 우주의 나이는 점점 커질 것이다. 우리가 운 좋게 오래 산다면 '현재' 우주의 나이를 200억 년으로 측정하는 날을 맞이할지도 모른다. 이 글에서도 '현재 우주의 나이'에 대한 이야기를 하려고 한다. 편의상 '현재'라는 말을 빼기로 한다.

  '우주의 나이 문제'가 천문학계의 화두였던 적이 있다. 미국의 천문학자 에드윈 허블이 1929년 우주가 팽창한다는 것을 관측적으로 증명하면서 대폭발 우주론이 대두되기 시작했다. 허블이 관측한 사실은 다음과 같았다. 우리로부터 멀어져 가는 은하들의 후퇴 속도와 그 은하들까지의 거리 사이에 상관관계가 있다는 것이었다. 은하의 후퇴 속도와 거리 사이의 관계를 그려 보면 일정한 기울기가 나타나는데 이를 가리켜 허블의 법칙이라고 불렀다. 지금은 허블보다 앞서서 이 상관관계를 언급했던 조르주 르메트르의 업적을 기리며 허블-르메트르의 법칙이라고 부른다. 이 상관관계의 기울기는 허블 상수라고 하는데 허블 상수는 단위 거리당 속도로 나타낸다. 우주의 팽창률 정도로 이해하면 된다. 이 허블 상수의 역수를 취하면 대략적인 우주의 나이를 알 수 있다. 팽창률이란 우주가 얼마나 빨리 팽창해 왔는지 보여주는 숫자인데 그 역수를 취하면 우주가 지금까지 그 팽창률로 팽창해 오는 데 걸린 시간이 된다. 앞에서 이야기했던 대폭발 우주론에서의 현재 우주의 나이가 된다.

허블이 관측적으로 결정한 첫 번째 허블 상수는 대략 550km/s/Mpc 정도 되는데 역수를 취해 우주의 나이로 환산하면 대략 18억 년쯤 된다. 문제는 당시 지질학적으로 측정된 지구의 나이가 약 20억 년이라는 데 있었다. 지구의 나이가 우주의 나이보다 많은 모순에 빠지고 말았다. (또한 이 값들은 현재 우리가 알고 있는 우주, 지구의 나이와 다르다.) 대폭발 우주론을 선뜻 받아들일 수 없는 상황이었다. 하지만 은하까지의 거리 관측과 지구의 나이 측정이 정밀해지면서 이 문제는 차츰 자연스럽게 해결되었다.

하지만 천문학자들은 또 다른 문제에 봉착했다. 우주에 있는 오래된 별들과의 나이 모순이었다. 1970년대 중반부터 1990년 무렵까지 허블 상수의 값을 90~100km/s/Mpc이나 80~90km/s/Mpc 정도로 측정하면서 우주의 나이를 100억~120억 년 정도로 보는 연구팀이 등장했다. 그 대척점에는 허블 상수를 50~60km/s/Mpc로 더 작게 측정한 연구팀이 있었다. 이 경우 우주의 나이는 200억 년에 가깝게 측정된다. 이들 연구팀 사이에서 치열한 논쟁이 있었는데 이를 두고 학계에서는 '허블 상수 전쟁'이라고 불렀다. 어쨌든 새로운 허블 상수가 측정되면서 우주의 나이는 100억~200억 년 사이로 자리매김하기 시작했다.

구상성단. 우주에서 가장 오래된 천체 중 하나인 구상성단의 나이 측정은
우주의 나이를 가늠하는 중요한 작업으로 다뤄졌다.

이 무렵 우주에서 가장 오래된 별들의 나이가 다양한 방법으로 알려지기 시작했다. 우주에서 가장 오래된 천체 중 하나인 구상성단의 나이 측정도 우주의 나이를 가늠하는 중요한 작업이었다. 구상성단은 수만 혹은 수백만 개의 별이 매우 좁은 영역에 역학적으로 묶여 있는 별들의 집단이다. 그런데 구상성단의 나이가 110억~180억 년 사이로 광범위하게 측정되면서 다시 문제가 불거졌다. 우주 속 구성원의 나이가 우주의 나이보다 많을 수는 없었다.

한편 허블 상수를 정확하게 측정하는 데 큰 걸림돌이 하나 있었다. 은하까지의 부정확한 거리 측정이었다. 이 측정이 정밀하지 못하면 우주의 나이와 구상성단의 나이 측정도 마찬가지였다. 1990년대가 되면서 허블 우주 망원경 연구팀이 허블 상수 측정을 핵심 프로젝트로 지정하면서 우주의 나이 문제는 급속히 해결 국면으로 접어들었다. 참고로 우주 망원경space telescope은 우주 공간에 있는 천체 망원경들을 통칭하는 것으로 지상 망원경ground-based telescope과 대비된다. 지상 망원경은 지구 대기에 의해 가시광선과 전파 영역에서만 천체를 관측할 수 있는 데 반해, 우주 망원경은 지구 대기의 바깥에 있으므로 모든 파장의 전자기파를 관측할 수 있다. 2000년대 이후로 허블 우주 망원경의 관측이 괄목할 만한 결실을 맺었고 허블 상수는 72km/s/Mpc 근처에서 안정적으로 정착하는 것처럼 보였다. 우주의 나이도 이 값을 바탕으로 몇몇 우주론적인 요인을 고려해 137억 년 정도로 측정되었다. 측정 오차도 10퍼센트 수준을 유지하게 되었다.

한편 히파르코스 우주 망원경의 관측 덕분에 구상성단까지의 거리 측정 기술이 발달하면서 구상성단의 나이 측정의 정밀도도 5~10퍼센트 수준으로 높아졌다. 2013년에 돈 반덴버그 등이 〈천체 물리학 저널〉에 발표한 구상성단 55개의 나이 측정 결과를 보면 구상성단의 나이는 약 120억~130억 년이었다.[2] 우주의 나이 문제가 일단락 된 것으로 보인다. 2012년에 WMAP 관측 위성이 발표한 우주의 나이는 137억 년 정도였다. 2015년에 발표된 플랑크 관측 위성이 측정한 값은 138억 년이었다. 우주의 나이 측정이 137억~138억 년 사이에서 정밀하게 측정되고 있다. 우주의 나이 문제가 완전한 해결의 길로 접어들었다고 생각되는 대목이다.

하지만 모든 것이 해결된 것은 아니다. 구상성단의 나이가 120억~130억 년 근처로 지속적으로 측정되고 있기는 하지만 다른 값의 관측들도 보고되고 있다. 특히 우리 은하The Milky Way Galaxy 밖 외부 은하인 안드로메다 은하나 대마젤란 은하에 속한 구상성단의 나이 측정값이 150억 년 언저리로 관측되기도 한다. 물론 그 오차가 30억~40억 년을 넘기 때문에 오차 범위 내에서 우주의 나이와 일치하고 이 측정값에 대한 신뢰도도 낮은 편이다. 그럼에도 앞으로 이 외부 은하에 속한 구상성단의 나이 측정은 우주의 나이 문제를 확실하게 해결할 수 있는 시험대가 될 것이다. 가장 오래된 별 중 하나인 HD 140283 같은 별은 137억

~145억 년 정도로 나이가 측정되고 있기도 하니 이 부분도 해명되어야 한다. 허블 우주 망원경에 이어 2021년 12월 25일, 우주 공간으로 발사된 제임스웹 우주 망원경을 활용해 한 단계 더 정밀하게 구상성단의 나이를 측정할 수 있다는 제안도 나오고 있다. 구상성단의 나이 측정의 정밀도를 높이는 작업과 더 많은 외부 은하에 속한 구상성단 관측 그리고 오래된 개별 별들의 독립적인 나이 측정이 우주의 나이 문제에 새로운 화두로 떠오르고 있다.

허블 상수를 통한 우주의 나이 측정도 모든 문제가 해결된 것은 아니다. 허블 우주 망원경 핵심 프로젝트같이 직접 관측을 통해서 측정한 허블 상수의 값은 72km/s/Mpc 정도에서 수렴되는 것으로 보인다. 우주의 나이 약 137억 년에 해당하는 값이다. 반면 WMAP 관측 위성이나 플랑크 관측 위성, 우주론적인 요소들과의 관계 속에서 결정한 우주의 나이는 138억 년에 해당한다. 허블 상수 값도 68km/s/Mpc 정도로 측정되고 있다. 두 측정 방식이 모두 아주 작은 오차 값을 갖고 있기 때문에 둘 사이의 작은 차이의 원인을 확실하게 규명해야만 우주의 나이 문제를 완전히 해결할 수 있을 것이다. 현재 많은 천문학자들은 플랑크 관측 위성이 측정한 값을 따라서 우주의 나이를 138억 년으로 이야기하고 있다.

지구의 나이보다 작게 측정된 우주의 나이 값을 보고 딜레마에 빠졌던 1920년대 말의 풍경을 생각해 보면 현재 우리가 고

민하고 있는 우주의 나이 문제가 얼마나 세밀한 디테일의 문제인지 알 수 있다. 100억~200억 년 사이에서 우주의 나이가 오고가던 시절과는 또 다른 차원의 우주 나이 논쟁이니 말이다. 과거의 노력들이 큰 틀에서 우주를 스케치하는 작업이었다면 137억 년과 138억 년 사이에서 벌어지고 있는 우주의 나이 토론은 그야말로 최후의 장식품 위치를 결정하는 마지막 터치라고도 할 수 있다.

하지만 이 작은 숫자의 차이가 가져올 우주론적 혁명이 어떤 결과를 초래할지는 아무도 알 수 없다. 역사가 증명하듯이 진리로 받아들이고 있는 이 조화로운 우주론 또한 한순간 무너질수도 있다. 하지만 우리는 현재 우주론의 마지막 퍼즐을 조율하는 시점에 살고 있고 그 과정을 목격할 수 있는 행운을 얻었다. 고맙고 행복한 일이다. 우주의 나이 문제는 그 퍼즐을 완성하는 핵심이다. 측정된 우주의 나이와 구상성단과 오래된 별들의 나이가 마치 하나의 종착역을 향해 달려가는 기차 같다. 언제, 어떤 양상으로 우주의 나이 문제가 완전히 해결될까?

✧ 태양계의 탄생 시나리오 ✧

태양계는 혼자 탄생하지 않았다. 부분적으로 밀도가 높아지고 불안정해진 우주의 곳곳에서 동시다발적으로 탄생했다. 형제자매 별들 수천, 수만 개가 같이 탄생했을 것이다. 행성이나 위성을 형성하지 못한 작은 천체들은 태양계 형성 과정의 잔존물로 태양계에 남았다. 따라서 태양계의 형성 과정을 이해하려면 수킬로미터에 이르는 작은 천체들을 연구하는 것이 중요하다. 전체적으로 볼 때 안쪽에 암석형 행성이, 바깥쪽에 기체형 행성이 자리 잡은 현재의 태양계는 어떻게 지금과 같은 형태로, 지금과 같은 위치에 존재하는 것일까? 천문학자들 사이에서는 크고 작은 논쟁이 진행 중이다.

태양계의 형성과 진화는 천문학자들의 오랜 화두였다. 우리들 자신의 기원에 대한 문제이기도 했다. 태양계의 형성에 대한 여러 가지 이론들이 나오고, 새로운 관측 결과가 나오면 어떤 이론은 힘을 받고 어떤 이론은 위축되곤 했다. 지금은 태양계 내 천체들에 대한 관측뿐 아니라 태양계 밖 다른 행성계도 관측하면서 태양계만이 아닌 행성계의 보편적인 형성 이론을 이야기하는 시대로 진입하고 있다.

숱한 외계 행성의 발견은 행성계 중 하나로서의 태양계를 자리매김할 수 있는 좋은 기회를 제공하고 있다. 최근 건설된 거대한 광학 망원경이나 전파 망원경의 핵심 프로젝트 중 하나로 행성계의 형성과 진화 분야가 꼭 들어가곤 한다. 거대한 최신 망원경으로 많은 천문학자들이 협업하는 대규모 프로젝트가 여럿 진행 중이다. 역사상 어느 때보다 태양계를 비롯한 행성계의 형성과 진화에 대한 비밀이 더 많이 밝혀질 행복한 시대에 우리는 살고 있다.

태양계의 형성과 진화에 대해서는 여전히 알지 못하는 것이 많다. 천문학자들 사이에서는 크고 작은 논쟁이 진행 중이다. 우선 태양과 같은 별들이 어떻게 탄생했는지 살펴보자. 가스와 먼지가 구름처럼 뭉쳐서 이루어진 천체를 성운이라고 한다. 성운 속에서 일정한 조건이 갖춰지면 별들이 탄생한다. 별이 탄생한다는 것은 별과 그 주위의 행성 같은 천체들이 같이 태어난다는 말이다. 다시 말하면 항성계 또는 행성계가 탄생한다는 것이다. 어떤 거대한 성운을 상상해 보자. 이 성운 속에서는 과거에 몇 차례 별들이 태어났다. 즉 항성계 또는 행성계가 여러 번 형성되었었다. 이 별들은 태양보다 훨씬 무거워서 더 짧은 일생을 살고 죽었을 것이다. 태양보다 짧은 일생을 살고 죽으면서 그사이 별 속에서 만들었던 산소나 질소 같은 원소들을 거대한 성운 속으로 내뿜었을 것이다. 아마 초신성으로 폭발했을 그 죽음의 순간에 금속이 만들어졌을 것이고, 다시 거대한 성운 속으로 흩어졌을 것이다. 그렇게 두세 번에 걸친 별들의 생성과 소멸이 일어난 그 거대 성운은 산소나 질소 같은 원소뿐 아니라 금속 물질도 풍부해졌을 것이다. 또한 여전히 성운의 한쪽에서는 새롭게 탄생하는 별들이 있을 것이다. 여전히 빛을 내면서 일생을 즐기고 있는 별들도 존재하고 있을 것이다.

약 46억 년 전 이 거대한 성운의 어느 곳에서 국부적으로 변화가 생겼다. 아마 근처에서 초신성이 폭발했을지도 모른다. 충격파가 성운의 한쪽을 흔들어 놓았다. 그 결과로 국부적으로 불안정해진 곳에서 중력 수축이 시작되었다. 아마 근처 다른 곳에서도 비슷한 과정이 진행되었을 것이다. 회전하면서 수축했을 그 국부적인 성운의 크기는 현재 태양계보다 열 배 정도 컸을 것이다. 허블 우주 망원경이 찍어서 보내 준 사진 중에 독수리 성운 속에서 국부적으로 밀도가 높아진 부분에서 별이 막 탄생할 준비를 하고 있는 것이 있다. 바로 46억 년 전 태양계 또한 그 모습으로 탄생을 준비하고 있었을 것이다.

태양계가 혼자 탄생하지는 않았다. 부분적으로 밀도가 높아지고 불안정해진 우주의 여러 지역에서 동시다발적으로 행성계

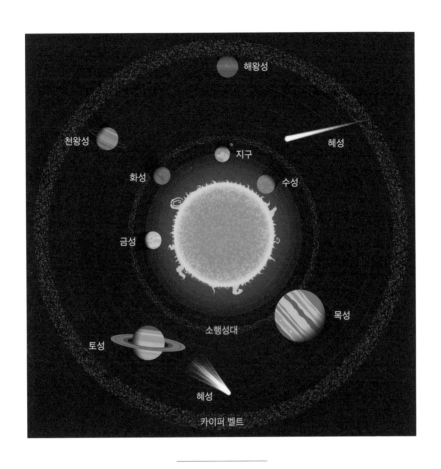

태양계 개념도. 카이퍼 벨트는 태양계의 해왕성 궤도보다 바깥에 위치하고 있으며
명왕성 탐사선인 뉴호라이즌스호가 이곳에 근접해서 탐사를 하고 있다.

들이 탄생했다. 태양의 형제자매 별들 수천, 수만 개가 같이 탄생했을 것이다. 성운이 회전하면서 십분의 일 정도 작은 규모로 수축한다고 생각해 보자. 중심부의 밀도와 온도는 엄청나게 올라갈 것이다. 중심부에서는 핵융합 작용이 일어나고 그곳에서 빛이 나오기 시작할 것이다. 별의 탄생 순간이다. 별, 즉 항성은 스스로 빛을 만들어서 내는 천체다. 이렇게 별이 탄생하는 것과 동시에 다른 물질들은 그 별을 중심으로 회전하는 원반으로 모여들기 시작했다.

원시 태양계에서는 가운데 부분에서 원시 태양이 주변의 물질들을 끌어들이기 시작해서 임계점을 넘기면서 핵융합 작용을 일으켰고, 빛을 내기 시작했고 태양이라는 별이 되었다. 시간이 좀 지난 후 태양 주변을 돌고 있던 천체들도 국부적으로 뭉치기 시작했다. 주로 1킬로미터에서 수킬로미터에 불과한 작은 천체들이 서로 부딪치고 깨지고 다시 뭉치면서 태양 주위를 돌고 있었을 것으로 생각된다. 국부적으로 중심이 되는 거점들이 생기기 시작했다. 원시 행성들이 탄생한 것이다. 여전히 작은 천체들의 충돌과 병합 과정이 일어나면서 원시 행성은 더 커지거나 깨져 버리기를 반복하고 있었다.

시간이 더 지나면서 태양계의 행성들은 현재의 모습으로 정착했다. 태양에서는 태양풍이 나오면서 태양계 안쪽에 있던, 미처 행성이 되지 못한 작은 천체들을 모두 태양계 바깥쪽으로 밀어내 버렸다. 그 결과 수성, 금성, 지구, 화성 같은 태양계 안쪽에 위치한 행성들 주위는 깨끗한 공간이 되었다. 이 행성들은 갖고 있던 기체들을 모두 날려 버리고 말았다. 태양계 안쪽에 암석형 행성들이 위치하고 있는 까닭이다. 태양계 바깥으로 날아간 기체들은 목성이나 토성 같은 기체형 행성에 흡수되었다. 태양계 안쪽에서는 암석형 행성이, 바깥쪽에서는 기체형 행성이 자리 잡고 있는 현재의 태양계의 모습이 갖춰지게 되었다.

행성이나 위성을 형성하지 못한 작은 천체들은 태양계 형성 과정의 잔존물로 태양계에 남았다. 따라서 작은 소행성이나 태양계 외곽의 카이퍼 벨트 천체, 그리고 오르트 구름 천체는 태양계 형성 당시의 모습을 간직하고 있다고 기대받고 있다. 그렇기 때문에 태양계의 형성 과정에 대한 이해를 하려면 특히 1킬로미터에서 수킬로미터에 이르는 작은 천체들을 연구하는 것이 중요하다. 태양계의 큰 천체들을 형성하는 일종의 빌딩 블록이기 때문이다. 지구와 비교적 가까운 곳에서도 1킬로미터 정도 크기의 소행성을 찾아볼 수 있다. 하지만 태양계 안쪽의 천체들은 시간이 흐르면서 태양풍의 영향이나 다른 천체들과의 접촉을 통해서 큰 변화를 겪었을 것이다. 따라서 태양계가 형성되던 당시의 흔적이 이미 없어졌을 가능성이 크다. 태양계 내에서 시간의 흐름에도 불구하고 처음 태양계 형성 당시의 모습을 그대로 지니고 있는 작은 천체야말로 태양계 형성의 비밀을 간직할 수 있다. 1킬로미터 정도의 때 묻지 않은 작은 천체를 찾으면 될 것이다.

이런 천체들은 해왕성 궤도면 근처에 형성된 카이퍼 벨트에 많이 존재할 것으로 여겨지고 있다. 더 나아가서는 장주기 혜성 long period comet들의 고향이라고 생각되는 오르트 구름에 몰려 있을 가능성이 크다. 하지만 이들 천체는 멀리 있고 작고 어둡다. 그만큼 관측하기가 어렵다는 말이다. 하지만 앞서 말한 태양계 형성 시나리오에서 이들 천체의 존재는 절대적이다. 작은 천체들이 뭉쳐서 큰 천체들을 만들어 갔다는 것이 핵심이기 때문이다.

일본의 아리마쓰 고 박사 연구팀이 이 문제와 관련해 흥미로운 논문을 한 편 발표했다. 과학 저널 〈네이처 천문학〉 2019년 1월 28일자에 아마추어들이 사용하는 망원경으로 별들이 일직선상에서 뒤의 천체를 가리는 식현상을 관측해서 수킬로미터 크기의 카이퍼 벨트 천체를 발견했다는 내용이었다.[3] 태양계 형성 연구의 열쇠를 쥐고 있는 작은 천체를 드디어 발견했다는 것이었다.

태양계 안쪽에도 수킬로미터 크기의 소행성이 여러 개 있다. 하지만 시간의 흐름 속에 태양계 형성 당시의 모습은 퇴색되고 말았다. 이번에 발견한 반지름 1.3킬로미터 크기의 카이퍼 벨트 천체는 태양으로부터 멀리 떨어진 태양계 바깥쪽에서 46억 년의 시간 동안 별다른 변화에 노출되지 않고 조용히 그 자리를 지켜 왔다. 태양계 형성 당시의 비밀을 봉인한 채로 말이다.

그동안 카이퍼 벨트에 수킬로미터 크기의 천체가 존재할 것으로 예측하고 있었지만 실제로 발견된 것은 이번이 처음이다. 작은 천체들이 뭉쳐서 큰 천체를 만들어 갔다는 태양계 형성 이론의 중요한 증거가 확보된 것이다. 실제로 수킬로미터 천체가 태양계 천체의 빌딩 블록이었다는 이론이 한층 힘을 얻게 되었다. 연구팀은 내친김에 오르트 구름에 있는 천체들을 발견하는 프로젝트도 진행하겠다는 포부를 밝혔다. 이들의 연구가 주목받는 또 다른 이유는 논문 제목에서도 강조했듯이 '아마추어 망원경'을 사용했다는 데 있다. 이 말의 의미는 거대 프로젝트가 아닌 적은 비용과 작은 망원경 장비를 사용한 저비용 프로젝트라는 것이다. 거대 망원경을 사용한 거대 프로젝트만 이런 중요한 발견을 할 수 있는 것이 아니라는 것을 보여 줬다. 명확하고 스마트한 프로젝트 설계가 어떤 멋진 결과를 가져올 수 있는지 잘 보여 준 관측 결과였다. 아직 분석 중인 관측 자료 속에 또 다른 작은 카이퍼 벨트 천체가 숨어 있을 것으로 기대하고 있다.

새로운 관측이 이어지고 더 많은 작은 카이퍼 벨트 천체와 나아가서는 오르트 구름 천체가 발견되었으면 좋겠다. 프로젝트 예산이 부족해서 망원경을 덮어 둘 장비를 마련하지 못했다는 연구팀의 인터뷰 내용이 마음에 걸린다. 이들의 지혜로운 활동에 걸맞는 연구 지원이 있기를 바란다.

2장

은하와 태양계

✧ 우리 은하의 전체를 보는 법 ✧

우리는 지구에 살고 있다. 지구는 태양이라는 별 주위를 주기적으로 도는 행성이다. 지구뿐 아니라 모두 여덟 개의 행성이 태양 주위를 공전하고 있다. 행성 외에도 왜소행성, 소행성, 혜성 같은 천체들이 태양을 중심으로 돌고 있다. 우리가 살고 있는 이곳을 태양계라고 한다. 이런 천체 시스템 수천억 개가 모여 더 큰 집단을 이루고 있는데 이를 '우리 은하'라고 부른다. 우리 은하는 관측 가능한 우주 속에 존재하는 약 1조 개의 은하 중 하나다.

　우리 은하는 막대 나선 은하다. 원반처럼 납작하게 생겼고 중심부는 막대 모양이고 여러 개의 나선팔spiral arms이 있다. 우리 은하의 지름은 약 10만에서 18만 광년 정도이다. 태양계는 우리 은하의 중심으로부터 약 2만 6천 광년 떨어져 있다. 1천억 개에서 4천억 개 정도의 별로 이뤄져 있고, 이들 주위를 공전하는 행성은 1천억 개 이상 있는 것으로 알려져 있다.

우리 은하에는 별만 있는 것은 아니다. 먼지와 가스로 이뤄진 성간 물질이 있다. 성간 물질은 주로 나선팔을 따라서 존재한다. 이곳에서 별들이 탄생하고 죽는다. 납작한 원반 아래 위쪽으로는 할로우라는 영역이 존재한다. 이곳에도 별들이 존재하지만 원반에 존재하는 별들에 비해 그 수가 아주 적다. 수십만 개에서 수백만 개의 별들이 모인 구상성단도 주로 이곳에 존재한다. 암흑 물질은 이들 천체와는 달리 빛을 내지 않지만 우리 은하 질량의 대부분을 차지하고 있는 존재다. 주로 우리 은하 외곽에 존재한다. 오늘날 우리는 우리 은하에 대해 많은 것을 알고 있다. 하지만 직접 우리 은하 전체의 모습을 본 사람은 아무도 없다. 우리가 우리 은하 안에 살고 있기 때문이다. 지구를 멀리 벗어나야 지구의 둥그런 모습을 볼 수 있듯이 우리 은하 전체의 모습을 관측하려면 우리 은하로부터 멀리 떨어져 관측을 해야 한다. 그런데 우리 은하의 크기가 10만 광년 단위에 달하니 빛의 속도로 달려도 우리 은하를 벗어나려면 10만 년 단위의 시간이 필요하다. 전체 모습을 직접 보는 것은 불가능에 가깝다.

한편 우리 은하 밖에 존재하는 외부 은하의 모습을 온전하게 관측하는 것은 쉬운 일이다. 역설적으로 이 은하들이 우리로부터 멀리 떨어져 있기 때문이다. 막대 나선 은하인 UGC 12158의 모습이 우리 은하의 실제 모습과 가장 비슷하다고 여겨진다.

우리 은하 안에서 우리 은하의 전체 모습을 유추한다는 것은 숲 속에서 숲 전체의 모습을 그려보는 것과 매한가지일 것이다. 오랜 세월 동안 천문학자들은 조각조각 모은 관측 자료를 바탕으로 우리 은하 전체의 모습을 구성해 내는 데 어느 정도 성공을 거두고 있다. 우리 은하의 입체적인 모습을 알려면 그 구성원들 각각의 위치와 움직임과 그들까지의 거리를 알면 된다. 위치와 거리를 알면 입체적인 모습을 재구성할 수 있다. 속도까지 알면 역학적인 움직임까지 포함하는 은하의 모습을 알 수 있다. 우리 은하의 모습을 추정하기 위해 천문학자들이 제일 먼저 사용한 방법은 별의 개수를 세는 일이었다.

천왕성을 발견했던 천문학자 윌리엄 허셜이 처음으로 체계적으로 이 별 세기 작업을 수행했다. 600곳이 넘는 밤하늘의 영역을 망원경으로 관측하면서 별의 위치와 밝기를 기록했다. 허셜은 별까지의 거리를 알 수 있는 방법을 몰랐기 때문에 모든 별들의 진짜 밝기는 같다는 가정을 했다. 따라서 별은 멀면 멀수록 어두워 보일 것이다. 어두운 정도가 별까지의 거리가 되는 셈이다. 물론 이 가정은 틀렸다. 하지만 당시 허셜이 할 수 있는 최선이기도 했다. 허셜의 관측 결과는 놀라웠다. 우리 은하는 (당시로서는 우주 전체) 둥그런 공 모양이 아니라 원반에 가까운 모양이라는 것이 허셜이 관측한 결과였다. 태양은 우리 은하의 중심부 근처에 있는 것으로 밝혀졌다. 1785년의 일이다. 우리 은하의 모습에 대한 첫 관측 결과였다. 1922년에 네덜란드의 천문학자인 야코뷔스 캅테인은 별들을 사진으로 찍은 건판으로부터 이전보다 훨씬 더 정확한 별들의 겉보기 밝기와 별들의 운동 속도를 측정했다. 이를 바탕으로 우리 은하의 모습을 보여 줄 지도를 그렸다. 결과는 허셜이 그렸던 모습과 비슷했다. 태양은 우리 은하의 중심에서 약간 벗어난 곳에 위치하고 있었다. 우리 은하가 납작한 원반 모양이라는 것이 다시 확인되었다. 우리 은하가 원반 모양이라는 것이 널리 받아들여지기 시작했다.

허셜과 캅테인 모두 우리 은하의 전체적인 모습을 찾아내는 데는 성공했지만 태양의 위치를 정확히 파악하는 데는 실패했다. 그 주된 원인은 우리 은하 내에 존재하는 가스나 먼지 같은 성간 물질이 별빛을 흡수하는 효과를 적절하게 보완하여 계산하지 못했기 때문이다. 태양계에서 바라볼 때 우리 은하의 중심 방향에는 별도 많이 밀집해 있고 성간 물질도 많이 존재한다. 따라서 성간 물질이 별빛을 많이 흡수하여 별들이 원래 밝기보다 많이 어두워 보이게 된다. 태양계에서 우리 은하의 외곽 방향을 관측할 때는 별도 성간 물질도 상대적으로 덜 밀집되었기 때문에 성간 물질에 의한 별빛 흡수도 상대적으로 덜할 것이다. 이런 불균형을 바로잡지 않으면 왜곡된 결과를 초래한다. 태양계에서 바라볼 때 우리 은하의 중심 방향과 바깥 방향 별의 개수가 비슷하다는 것이 허셜과 캅테인의 관측 결과였다. 그런데 중심 방향의 별들이 원래보다 더 어둡게 보여서 더 멀리 있는 것 같았다면 이 차이를 적절하게 보정해야 할 것이다. 천문학자들이 성간 물질에 의한 흡수 효과를 적절하게 보정하기 시작하면서 태양계의 위치가 우리 은하의 외곽이라는 것을 알게 되었다. 우리 은하의 모습도 제대로 된 모양새를 갖춰가기 시작했다.

우리 은하가 납작한 원반 모양이고 태양계의 위치가 우리 은하 중심으로부터 멀리 떨어져 있다는 것을 알았지만 나선팔의 존재를 알기까지는 또 다른 시간이 필요했다. 1950년대가 들어서면서 전파 망원경을 사용한 성간 물질 관측이 활발해졌다. 성간 물질의 대부분이 나선팔을 따라서 존재하는데 네덜란드의 천문학자 휘고 반 부르던과 그의 동료들이 나선팔의 존재를 성간 물질의 전파 관측을 통해 처음으로 알아냈다. 이어지는 관측으로 우리 은하가 나선 은하라는 사실이 분명해지기 시작했다. 우리 은하 중심부의 모습이 막대 모양일 것이라는 보고가 있었지만 1996년 무렵에야 우리 은하의 중심부에 막대가 존재하고 그로부터 나선팔이 감겨져 나오는 현재의 우리 은하 모습이 밝혀지기 시작했다. 막대의 양쪽 끝에서 두 개의 커다란 나선팔이 감겨 나오고 있는 모양새다. 여기에 역시 막대 양쪽 끝에서 감기는 정도가 다른 조금 작은 나선팔이 감겨져 나오는 모습을 상상하면 얼추 우리 은하의 모습이 될 것이다. 앞에서 언급한 외부 은하인 UGC 12158이 우리 은하의 모습과 가장 닮은 것으로 알려져 있다. 태양계는 나선팔과 나선팔 사이에 위치하는 것으로 알려져 있었다. 최근에는 나선팔과 나선팔 사이에도 생각보다 더 많은 성간 물질과 별들이 존재하는 것으로 관측되고 있다. 태

UGC 12158 은하.
우리가 볼 수 없는 우리 은하의 모습과 가장 닮은 것으로 알려졌다.

양계도 단순하게 나선팔 사이에 존재하는 것이 아니라 나선팔의 작은 가지에 존재하는 것으로 여겨지기 시작했다.

우리 은하의 입체적인 모습을 재구성하기 위해서는 별을 비롯한 구성원들의 위치와 운동 상태를 관측하는 것도 중요하지만 이들 천체까지의 거리를 아는 것이 아주 중요하다. 천체까지의 거리를 구하는 방법은 여러 가지가 있는데 가장 직접적이고 직관적인 방법은 시차視差를 이용하는 것이다. 어떤 물체를 일정한 거리에 놓고 서로 다른 두 위치에서 그 물체를 바라본다고 하자. 관측하는 서로 다른 두 위치에서 물체를 향해 선을 그으면 두 선은 그 물체에서 만날 것이다. 두 선이 만나면서 생기는 각도를 시차라고 한다. 물체가 가까이 있을 때보다 멀리 있을 때 이 시차는 작아질 것이다.

천문학자들은 이 원리를 별이나 성간 물질까지의 거리를 구할 때 사용한다. 시차가 크면 거리가 가깝고 시차가 작으면 거리가 그만큼 먼 것이다. 시차를 사용해 거리를 계산한 별의 개수가 늘면서 우리 은하의 입체적인 모습의 정밀도도 높아져 왔다. 2016년 9월 14일 유럽 우주국에서 발사한 가이아 우주 망원경의 첫 관측 결과가 발표되었다. 11억 4200만 개의 별들에 대한 정확한 거리를 담고 있는 별 목록을 발표한 것이다. 가이아 우주 망원경을 통해 우리는 우리 은하 내 별들의 위치를 더 정확하게 알수 있게 되었다. 우리 은하의 3D 입체 모습을 알 수 있게 된 것이다. 가이아 우주 망원경의 이번 결과는 2015년 9월까지의 첫

우리 은하를 그린 일러스트. 우리 은하는 성간 가스와 먼지를 비추는
거대한 별들의 소용돌이 곡선, 나선 팔로 구성되어 있다.
태양은 오리온의 팔에 있으며 궁수의 팔, 페르세우스의 팔 등도 보인다.
각 직선은 우리 태양과 관련된 은하의 경도를 의미한다.

14개월간의 관측 결과만을 담은 것이다. 2020년 12월 3일, 가이아 우주 망원경의 새로운 관측 결과가 공개되었다. 18억 1170만 9771개의 별에 대한 아주 정밀한 좌표도 담겨 있다. 대부분의 별의 밝기를 측정한 값도 수록되어 있다고 한다. 14억 6774만 4818개의 별에 대해서는 거리를 구할 수 있는 시차 정보와 고유 운동 정보도 발표되었다. 우리 은하의 모습을 훨씬 더 생생하게 재구성하는 길에 다가가고 있다.

우리 은하의 모습을 재구성하는 데 걸림돌 가운데 하나는 우리 은하 중심부를 넘어선 반대편에 있는 별들이나 성간 물질을 관측하기가 쉽지 않다는 것이다. 우리 은하 중심부에 워낙 많은 별들과 성간 물질이 밀집해 있어서 그 너머의 천체를 관측하는 것은 무척 어려운 일이다. 그래서 한쪽에서 관측한 결과를 바탕으로 그 너머 우리 은하의 모습을 외삽해서 재구성하곤 했었다. 그만큼 불완전한 우리 은하의 모습만 알 수 있었다.

그런데 최근에 좋은 소식이 하나 전해졌다. 알베르토 사나를 비롯한 천문학자들이 미국의 초장기선 전파 망원경 배열인 VLBAVery Long Baseline Array를 사용해서 우리 은하 중심 너머에 있는 별의 탄생이 활발한 지역에 위치한 G007.47+00.05라는 천체까지의 거리를 측정한 것이다. 태양으로부터 약 6만 6500광년 떨어진 천체였는데 2017년 10월 13일 과학 저널 〈사이언스〉에 이 발견을 다룬 논문이 실렸다.[4] 한때 금지 구역이라는 별칭을 가졌던 우리 은하 중심 너머 지역 천체까지의 거리를 직접 구한 관측 결과다. 이 관측을 통해 우리 은하 중심 너머의 천체들까지의 거리를 전파 망원경을 사용해서 구할 수 있다는 것을 보여 줬다.

우리 은하의 모습을 온전하게 재구성하는 데 필요한 마지막 관문을 통과한 느낌이다. 더 많은 관측이 이루어질수록 더 또렷한 모습의 우리 은하를 만날 수 있을 것이다. 가이아의 완전한 목록과 더 많은 VLBA 관측 결과를 바탕으로 구성된 우리 은하의 모습을 볼 수 있는 날을 기대해 본다.

✧ 안드로메다의 질량을 재는 이유 ✧

국부 은하군에서 제일 큰 두 개의 은하는 우리 은하와 안느로메다 은하이다. 두 은하는 질량과 크기가 두세 배 차이가 나는 것으로 예측되기도 했지만 이내 곧 그 크기가 비슷하다는 새로운 관측 결과가 나오기도 했다. 두 은하가 닮은꼴이라는 확신을 하기 위해서는 아직 더 많은 증거가 필요하다. 40억 년 후쯤에는 두 은하가 합쳐질 것이란 전망이 우세한데 두 은하의 크기가 차이가 나는 경우엔 한 쪽이 일방적으로 흡수될 것이고, 크기가 비슷하다면 서로 충돌하게 될 것이다. 이 미래를 예측하기 위해서는 은하의 질량을 잴 수 있어야 한다. 어떤 방법들이 있을까?

우리 은하에서 가까운 안드로메다 은하는 오랫동안 우리 은하와 닮은꼴로 알려져 왔다. 우리 은하 주변에는 작은 은하들이 여럿 있지만 크기가 큰 나선 은하로는 안드로메다 은하가 우리 은하에서 제일 가깝다. 어두운 곳에서는 맨눈으로도 안드로메다 은하를 볼 수 있다. 잘 알려진 은하인 만큼 이름도 다양하다. 프랑스의 천문학자 메시에가 작성한 목록에도 이름을 올렸다. 안드로메다를 M31이라고 부르는 이유다. 더 큰 천체 목록의 이름인 NGC224로도 자주 불린다. 안드로메다 은하를 보면서 우리 은하의 모습을 상상하곤 한다. 하지만 안드로메다 은하의 질량과 크기가 우리 은하의 두세 배 크다고 알려져 있어서 우리 은하의 모습을 안드로메다 은하에서 찾는 것은 무리인 것처럼 보였다.

그런데 오스트레일리아 국제 전파 천문학 연구소의 프라웰케이플 연구팀이 최신의 관측 자료를 분석한 결과, 안드로메다 은하의 질량과 크기가 우리 은하와 거의 비슷한 것으로 밝혀졌다. 재미있는 소식이다. 안드로메다 은하와 우리 은하는 모두 국부 은하군이라고 부르는 은하들의 집단에 속해 있다. 두 은하가 제일 크며, 국부 은하군의 중심이다. 국부 은하군에는 두 은하와 함께 수십 개의 작은 은하들이 중력적으로 묶여서 함께 움직이고 있다. 잘 알려진 것처럼 안드로메다 은하와 우리 은하는 서로 다가가고 있다. 천문학자들은 약 40억 년 후에 두 은하가 충돌할 것이라고 예측한다. 질량과 크기가 더 큰 안드로메다 은하에 우리 은하가 흡수, 병합되는 시나리오도 나왔다. 만약 안드로메다 은하가 우리 은하와 그 질량이나 크기가 거의 비슷한 닮은꼴 은하라면 두 은하의 병합 과정이 한쪽의 일방적인 흡수가 아니라 흥미로운 충돌 현상으로 나타날 것이다. 먼 훗날의 일이니 우리가 관측할 수는 없겠지만 두 은하의 충돌에 관한 시뮬레이션 시나리오는 바뀌어야 할 것 같다.

은하의 질량이나 크기를 계산하는 작업은 쉽지 않다. 질량은 보통 중력 현상으로 구한다. 나선 은하는 별·가스·먼지로 이루어진 성간 물질 그리고 암흑 물질로 구성되어 있다. 나선 은하 내 별의 질량은 성간 물질의 열 배 정도 된다. 암흑 물질의 질량은 별 질량의 열 배 정도 된다. 중력의 크기는 질량에 의해서 결정된다. 따라서 은하의 질량은 암흑 물질의 질량에 크게 의존한다. 그런데 암흑 물질의 정체에 대해서 아직 모르는 것이 많다.

다행인 것은 은하의 최대 회전 속도가 중력의 크기에 비례한다는 점이다. 은하의 구성원의 질량에 의해서 결정되는 중력의 세기는 은하의 최대 회전 속도로 알아볼 수 있다. 어느 은하나 그 중력장이 감당할 수 있는 구성원의 속도 한계가 존재할 것이다. 너무 빨리 회전하는 구성원은 이미 그 은하의 중력장을 벗어나서 탈출했을 것이다. 따라서 최대 회전 속도는 은하의 중력장, 즉 질량을 측정하는 지수가 된다. 은하 대부분의 질량을 차지하는 암흑 물질이 주로 은하의 외곽에 분포하기 때문에 은하의 외곽에서 회전 속도를 측정해야 하는 어려움이 있다.

또 다른 방법은 은하 내 별이나 성간 물질의 속도의 분산값을 측정하는 것이다. 역시 너무 빨리 움직였던 구성원은 은하의 중력이 감당하지 못했을 것이므로 탈출했을 것이다. 은하 내에

안드로메다 은하. M31로 알려진 이 은하는
우리 은하와 가장 가까운 나선 은하다.

존재한다는 것은 은하의 중력장에 속박되어 있다는 뜻이다. 속
도 분산값은 은하의 중력을 알려 주는 좋은 지수가 된다. 이로부
터 질량을 추정할 수 있다.

하지만 속도 분산값은 은하의 안쪽 지역에서 주로 측정할 수
있다. 암흑 물질의 영향력은 은하의 안쪽보다는 바깥쪽에서 더
크기 때문에 속도 분산값을 통한 질량 측정이 전체 은하의 질량
을 대표하는지에 대한 의문이 있을 수 있다. 한편 나선 은하의 원
반을 둘러싸고 있는 헤일로 지역에도 천체들이 존재한다. 이 지
역에 속하는 별들이나 다른 천체들의 움직이는 속도를 측정하면
그로부터 은하의 탈출 속도를 추정할 수 있다. 탈출 속도란 어느
천체로부터 중력적으로 벗어날 수 있는 속도를 말한다. 중력의

크기를 가늠하는 지표이고, 질량의 크기를 알려 준다. 이외에도 중력 렌즈 효과 등 여러 가지 방법으로 질량을 구할 수 있다.

이렇게 속도값을 구한 후 중력 포텐셜 모형을 세우고 질량을 추정하는 과정에서 몇 가지 불확실성이 존재한다. 먼저 속도값 측정의 정밀도가 질량 결정에 오차를 더한다. 속도값을 정확하게 측정했더라도 측정값을 해석하는 문제가 남는다. 은하의 기울기나 그 속의 성간 물질에 의한 흡수로 측정값이 왜곡될 수 있기 때문이다. 측정값을 중력 포텐셜 이론 모델을 사용해서 질량으로 바꾸는 과정에서도 당연히 모형의 선택에 따른 편향이 생길 수밖에 없다. 이런 여러 가지 요소가 겹쳐 있으니 은하의 질량을 측정하는 작업은 어려울 수밖에 없다.

오스트레일리아의 프라웰 케이플 연구팀은 영국 왕립천문학회 〈월간 보고〉 2018년 4월호에 흥미로운 논문을 한 편 발표했다.[5] 제목은 '속도의 필요성: 안드로메다 은하의 탈출 속도 및 동적 질량 측정'이었다. 탈출 속도를 측정해서 안드로메다 은하의 질량을 구했다는 것이었다. 이들은 라팔마 천문대의 윌리엄 허셜 망원경으로 관측한 행성상 성운 데이터를 사용했다. 이 자료에는 안드로메다 은하에 속한 2637개의 행성상 성운의 데이터도 포함되어 있다. 현존하는 가장 방대하고 정밀한 안드로메다 은하 내 행성상 성운의 관측 자료다. 그동안 여러 가지 방법으로 측정한 안드로메다 은하의 질량은 태양 질량의 7천억 배에서 2조 5천억 배 사이로 추정된다. 우리 은하에 비해서는 두세 배 정도 질량이 큰 것으로 알려져 왔다.

　케이플 팀은 현재 구할 수 있는 가장 적합한 안드로메다 내 헤일로 지역에 존재하는 행성상 성운의 속도를 조사했다. 행성상 성운은 태양 같은 별이 일생을 살고 죽으면서 흩어지는 과정에서 나타나는 성간 물질 형태의 천체다. 행성상 성운의 속도 데이터를 바탕으로 탈출 속도를 구했다. 지구 표면에서 우주 공간으로 탈출하려면 초속 11킬로미터의 속도로 움직여야 한다. 이 속도를 지구 표면에서의 탈출 속도라고 부른다. 지구의 표면 중력과 밀접한 관계가 있는 값이다. 행성상 성운의 속도로부터 안드로메다 은하의 탈출 속도를 구한 연구팀은 이를 바탕으로 중력 포텐셜 모델을 사용해서 안드로메다 은하의 질량을 추정했다. 최신의 관측 결과를 바탕으로 합리적인 질량 모형을 만드는 것도 은하 질량 측정의 관건 중 하나다. 케이플 연구팀은 오랫동안 우리 은하와 안드로메다 은하의 질량을 측정하기 위해서 연구를 계속해 왔다.

　이들이 측정한 안드로메다 은하의 질량은 태양 질량의 8천억 배 정도였다. 안드로메다 은하의 크기는 240kpc 정도인 것으로 측정되었다. (크기 측정 방법과 크기의 정의는 또 다른 문제이기 때문에 여기서는 별도의 설명을 하지 않는다.) 지금까지 발표된 안드로메다 은하의 질량과 크기 분포와 비교하면 작은 축에 속한다. 케이플 연구팀의 안드로메다 은하 측정값이 맞다면 이 은하의 질량과 크기가 당초 받아들여지던 것처럼 우리 은하에 비해서 두세 배 정도 무거운 것이 아니라 우리 은하와 거의 비슷하다는 결론에 도달한다. 케이플은 2014년 10월 〈천체 물리학〉에 발표한 논문에서 우리 은하의 질량을 태양 질량의 8천억 배로 측정한 바 있다.[6] 이번에 측정한 안드로메다 은하의 질량과 거의 같은 값이다.

케이플 연구팀의 결과를 따른다면 우리 은하는 안드로메다 은하와 질량과 크기가 거의 비슷한 닮은꼴 은하인 것 같다. 물론 우리 은하나 안드로메다 은하의 질량을 측정하는 것은 여전히 어려운 도전이고 불확실성이 존재한다. 케이플 연구팀은 안드로메다의 은하 측정 결과를 발표했던 당시, 은하의 질량을 구하는 개선된 방법에 대한 논문도 발표했다.[7] 더 나은 관측 자료와 모델링 방법으로 은하들의 질량을 측정하고 있으니 더 많은 연구 결과가 쌓이면 해묵은 우리 은하와 안드로메다 은하의 질량 비교 문제도 명확하게 해결될 것으로 기대한다.

안드로메다 은하와 우리 은하의 질량이 거의 같다고 전제하면 흥미로운 실험을 해 볼 수 있다. 앞서 말했듯이 두 은하가 서로 다가가고 있는 것은 잘 알려진 사실이다. 40억 년쯤 후면 두 은하가 충돌할 것으로 예측되고 있다. 기존의 관측 결과를 바탕으로 두 은하가 충돌하는 순간을 시뮬레이션한 영상 자료를 쉽게 볼 수 있다. 보통 안드로메다 은하가 우리 은하보다 두세 배 정도 무겁다고 가정하고 컴퓨터로 시뮬레이션한 결과물이다. 안드로메다 은하가 우리 은하와 비슷한 질량을 갖는다고 설정하고 다시 시뮬레이션을 하면 좀 다른 귀결점에 다다를지 궁금하다. 두 은하 모두 그동안 알려진 것보다 질량, 즉 암흑 물질의 질량 이 더 적다는 결론을 반영하면 어떤 상황이 생길까. 국부 은하군 내부의 중력 분포에 다른 역학도 어떻게 변할지도 궁금하다. 그 동안 국부 은하군은 큰 은하인 안드로메다 은하와 그보다 약간 작은 우리 은하 그리고 나머지 수십개의 작은 은하들로 구성된 은하 집합체로 알려져 왔는데, 두 개의 큰 은하가 주도하는 은하 군으로 처음부터 다시 전제해야 할 수도 있을 것이다. 두 은하가 똑같이 닮은 은하인지의 여부는 조금 더 명확한 결과가 쌓여야 확신할 수 있겠지만 안드로메다 은하를 바라보면서 거울 속 우 리 은하를 보는 재미는 지금부터 즐기고 싶다.

✧ 얼마나 많은 은하가 있을까? ✧

우주에는 얼마나 많은 별이 있을까. 천문학자들의 오랜 노력으로 우리 은하 안의 별의 개수는 1천억 개에서 4천억 개라고 밝혀지고 있다. 아직 명확하지 않은 갈색왜성이나 백색왜성 수에 따라서 이 숫자는 크게 바뀔 수도 있다. 은하당 별의 개수를 가늠하는 것도 어렵지만 우주 속 은하의 수를 가늠하는 일은 훨씬 더 어렵다. 은하는 그 물리적 크기를 알 수 있어서 그 안의 별 개수를 측정하면 되지만 우주의 크기는 아무도 모른다. 우주가 무한한지 유한한지도 아직 모른다. 천문학자들이 우주의 크기를 말하거나 우주의 끝을 이야기할 때는 보통 '관측 가능한' 우주의 크기나 우주의 끝을 의미한다.

"우주에는 얼마나 많은 별이 있어요?" 초등학생을 대상으로 강연할 때 자주 받는 질문 중 하나다. 지금까지의 내 대답은 이

랬다. '우리가 관측한 우주'에는 수천억 개의 은하가 있는데 은하마다 수천억 개의 별을 갖고 있으니 '우리가 관측한 우주'에는 수천억 곱하기 수천억 개의 별이 있다. 수천 억 곱하기 수천 억, 즉 10의 11제곱 곱하기 10의 11제곱을 하면 10의 22제곱이 되니까 10의 22제곱 개의 별이 있다는 것이 필자의 모범 답안이었다. 그런데 어쩌면 모범 답안의 숫자를 바꿔야 할지도 모르겠다. 은하의 수에 대한 새로운 연구 결과가 나오고 있기 때문이다.

별의 밝기는 겉보기에 제일 밝은 것을 1등성으로 정하고 맨눈으로 볼 수 있는 가장 어두운 것을 6등성으로 정하는 전통을 따르고 있다. 별의 밝기가 어두울수록 숫자가 커진다. 서울같이 인공 불빛이 많아서 밤하늘이 밝은 도시에서는 3등성도 보기가 쉽지 않다. 3등성보다 밝은 별은 280개쯤 된다. 6등성보다 밝은 별은 8700개 정도이고 10등성보다 밝은 별은 62만 개로 늘어난다. 우리 은하 내 별의 숫자를 알려면 이런 식으로 밤하늘의 별을 세어 보면 된다. 그런데 별을 세는 작업이 간단하지가 않다. 우리 은하 내의 모든 별을 직접 세면 될 것 같지만 별이 너무 많아서 현실적으로 불가능하다. 그래서 보통 되도록 넓은 밤하늘의 일정 영역을 정해서 어두운 별들의 숫자를 관측하여 전체 별의 수를 추정한다. 별들의 빛은 성간 물질에 흡수되기 때문에 우리가 관측하는 별의 개수를 왜곡시킬 수 있다. 이런 영향을 보완하려면 성간 물질의 분포와 성질에 대한 정확한 정보가 있어야 한다. 멀어서 어둡게 보이는 별들은 관측이 쉽지 않기 때문에 누락될 가능성이 높고 그런 만큼 별의 개수 정확도가 떨어지게 된다. 갈색왜성이나 백색왜성처럼 원래 밝기가 어두운 별들 또한 멀리 있으면 관측하기가 더 어렵기에 그 개수 추정 또한 매우 어렵다.

우리 은하 내 별의 개수를 측정하려는 천문학자들의 오랜 노력으로 별의 개수는 1천억 개에서 4천억 개로 좁혀지고 있다. 아직 그 수가 명확하게 드러나지 않은 갈색왜성이나 백색왜성 수에 따라서 이 숫자는 크게 바뀔 수도 있다. 2013년 12월 19일 발사된 가이아 우주 망원경은 별을 포함한 10억 개 천체의 정밀한 3D 목록을 만드는 작업을 하고 있다. 10억 개라는 엄청난 숫자지만 우리 은하 내 별 숫자의 백분의 일에 불과하다. 우리 은하보다 더 많은 별을 갖고 있는 타원 은하가 존재하고 다른 한편으로는 우리 은하에 비해 별의 개수가 십분의 일 정도에 불과한 왜소은하들도 있지만 우리 은하 별의 개수를 평균적인 은하의 별 개수로 받아들인다면 지금처럼 은하당 별의 개수를 수천억 개 정도로 보는 견해가 현재로서는 타당해 보인다. 즉 은하당 별의 수는 10의 11제곱 개라고 하면 아직은 무난한 추론이다.

은하당 별의 개수를 추정하는 것도 어려운 작업이지만 우주 속 은하의 수를 정하는 일은 훨씬 더 어렵다. 은하의 경우는 어쨌든 그 물리적 크기를 알 수 있어서 그 안의 별 개수를 측정하면 된다. 반면 우주의 크기를 이야기하자면 상황이 좀 애매해진다. 우주의 크기에 대해서 다루자면 우주의 위상과 팽창 같은 요소들을 고려해야만 한다. 여기서는 좀 단순하게 생각해 보기로 하자. 우주의 크기를 말할 때 어떤 사람들은 '진짜' 물리적인 우주의 크기가 얼마인지 물어볼 것이다. '진짜'라는 말에 대해서 논하자면 또 한참이 걸리는데, 결론부터 말하자면 잘 모른다. 우주가 무한한지 엄청나게 크지만 유한한지 아직 잘 모른다. 천문학자들이 우주의 크기를 말하거나 우주의 끝을 이야기할 때는 보통 '관측 가능한' 우주의 크기나 우주의 끝을 의미한다. '진짜' 우주의 크기가 아니다. 글의 앞부분에서 '우리가 관측한 우주'라는 말을 일부러 강조해서 쓴 이유도 여기에 있다.

현재 우주의 나이는 138억 년 정도로 측정되고 있다. 우주가 탄생한 이래로 138억 년 동안 계속 팽창을 하고 있다는 말이다. 우주 안에서 가장 빠르게 정보를 전달할 수 있는 것은 빛이다. 우주의 나이가 138억 년이니 우주에서 가장 멀리 움직인 빛은 138억 광년을 갔다. 우리는 138억 광년보다 더 멀리 떨어져 있는 천체로부터 오는 빛은 볼 수가 없을 것이다. 우주가 생긴 지 138억 년밖에 안됐으므로 빛이 최대한 달렸어도 138억 광년밖에 못 움직였기 때문이다. 138억 광년보다 더 멀리 떨어져 있는 천체는 존재한다 치더라도 현재 시점에서는 원천적으로 관측이 불가능하다. 따라서 우리를 중심으로 반경 138억 광년의 구를 설정하면 거기까지가 '관측 가능한' 우주가 될 것이다. 그 밖에 은하가 존재한다고 하더라도 우리가 관측할 수가 없으니 우리들 인식의 범위 밖이 될 것이다. 그런데 우주는 팽창을 하고 있기 때문에 138억 년 전에 빛을 보낸 천체가 있다면 현재 138억 광년보다 더 먼 거리에 존재할 것이다. 물론 우리는 138억 년 전에 그 천체가 내뿜은 빛이 138억 년 동안 여행을 해서 이제 우리에게 도착한 빛을 보고 있지만. 우주의 팽창 패턴을 고려해서 계산을 해 보면 우리로부터 반지름 465억 광년의 구를 우리가 인지할 수 있는 천체들이 실제 위치하는 '관측 가능한' 우주의 끝이라고 할 수 있다. 앞으로 1억 년이 지나면 우리들의 '관측 가능한' 우주의 크기는 1억 광년 커질 것이고 10억 년이 지나면 10억 광년이 늘어날 것이다.

또 다른 의미에서의 '관측 가능한' 우주의 끝이 있다. 우리로부터 먼 은하일수록 더 빠른 속도로 멀어진다. 1929년 허블이 발견한 우주의 팽창 패턴, 허블-르메트르의 법칙이다. 그렇다면 멀리 떨어져 있는 어떤 은하가 우리로부터 멀어지는 속도가 빛의 속도에 다다르는 경우를 생각해 보자. 우주가 팽창을 계속하고 있는 한 은하의 후퇴 속도가 빛의 속도이거나 그보다 더 빠르면 그 은하로부터 나오는 빛은 영원히 우리에게 도달하지 못할 것이다. 은하의 후퇴 속도가 은하에서 나오는 빛의 속도보다 빠르니 마치 블랙홀 속에 있는 천체로부터 나오는 빛이 결코 블랙홀을 탈출할 수 없는 상황과 비슷해진다. 우리를 중심으로 은하들의 후퇴 속도가 빛의 속도인 구를 상상해 보자. 거기까지가 또 다른 의미에서의 '관측 가능한' 우주의 크기가 될 것이다. 그 밖에 은하들이 존재한다고 하더라도 우리는 원리상으로 결코 그들의 존재를 관측할 수 없을 것이다. 아무리 긴 시간이 지나간다고

Hubble Deep Field
ST ScI OPO January 15, 1996 R. Williams and the HDF Team (ST ScI) and NASA

HST   WFPC2

허블 딥 필드. 허블 우주 망원경은 1995년 12월, 11일간 큰곰자리 부근을 관측했다.
천문학자들의 예상을 뒤엎고 텅 비어 보이는 곳에서 3천여 개의 은하를 발견했다.
우리로부터 100억 광년 이상 떨어져 있는 심우주였다.

하더라도 말이다.

우주 속 은하의 수를 말할 때면 보통 '관측 가능한' 우주 안에 존재하는 은하의 수를 말한다. 그런데 실제로는 당시 활용 가능한 망원경이나 관측 기기의 한계 때문에 '관측 가능한' 우주의 크기에 훨씬 못 미치는 영역까지만 관측을 하게 된다. 앞에서 '우리가 관측한 우주'라는 표현을 의도적으로 쓴 이유가 여기에 있다. 우리는 실제 존재하는 은하의 수가 실제 관측으로 추정한 은하의 수보다 훨씬 많을 수 있다는 점을 항상 기억해야 한다. 별의 개수를 측정하는 것보다 은하의 개수를 측정하는 것이 훨씬 더 어려운 이유 중 하나가 바로 이런 근원적인 한계 때문이다.

의미 있는 은하의 개수 측정은 1995년, 허블 우주 망원경으로 큰곰자리 근처의 작은 영역을 11일 동안 관측한 프로젝트, 허블 딥필드에서 시작되었다. 텅 빈 것처럼 보이던 지역에서 멀리 떨어진 젊은 은하를 포함한 3천여 개의 은하가 발견되었다. 이로 인해 우주 속 은하의 개수를 정량적으로 측정할 수 있게 되었다. 이어진 허블 딥필드 사우스 관측을 통해 120억 광년 거리의 은하까지 관측할 수 있었고 이를 바탕으로 은하의 개수를 1250억 개로 추정했다. 이 결과를 근거로 해서 우주 속 별의 개수를 말할 때 수천억 곱하기 수천억 개, 즉 10의 22제곱 개의 별이 있다고 말하기 시작했다. 우리가 관측한 우주에서 얻은 자료를 바탕으로 관측 가능한 우주 내 은하의 수를 추정해 보면 그렇다는 것이다.

그런데 이 숫자를 좀 바꿔야 할지도 모르겠다. 최근에 노팅엄 대학교의 크리스토퍼 콘세리스 박사가 이끄는 연구팀은 'Z⟨8⟩에서의 은하수 밀도의 진화 및 시사점'이라는 논문을 발표했다.[8] 2014년 10월 14일에 ⟨천체 물리학 저널⟩에 실린 이 논문은 은하의 개수에 대한 새로운 주장이었다.

2016년 10월 ⟨네이처⟩에 실린 해설 기사 제목이 논문의 내용을 잘 표현하고 있다.[9] '과학자들이 생각하던 것보다 우주 속 은하의 수가 열 배 정도 더 많다.' 허블 딥 필드 자료뿐 아니라 그동안 쌓인 허블 우주 망원경을 비롯해 다른 관측 기기로부터 얻은 데이터로 다시 분석해 봤더니 은하의 수가 2조 개에 달하는 것으로 추정된다는 것이다. 이 분석에는 130억 광년 떨어진 은하들까지 포함되었다. 천문학자들은 크게 놀랍지 않다는 반응이다. 이론적으로는 더 많은 왜소 은하들이 존재할 수 있기 때문이다. 현재 관측 기기로는 2조 개의 은하 중 10퍼센트 정도를 관측할 수 있다고 알려져 있다. 허블 우주 망원경의 계승자로 2021년 12월 25일 발사된 제임스웹 우주 망원경이 관측을 시작하면 더 어둡고 더 멀리 떨어져 있는 은하를 관측할 수 있을 것이다. 그러면 은하의 개수에 대한 더 정확한 숫자를 얻을 것으로 기대하고 있다. 당분간은 관측 가능한 우주 속 별의 수를 지금까지 말했던 것처럼 10의 22제곱 개라고 해도 좋겠지만 좀 전향적으로 몇 곱하기 10의 23제곱 개로 불러도 좋을 것 같다. 어쨌든 우주 속 은하의 개수는 아마도 계속 늘어날 것이니까.

3장

암흑 물질과 암흑 에너지

✧ 암흑 물질을 둘러싼 추측들 ✧

현대 표준 우주론 모형은 우주가 눈에 보이는 물질 5퍼센트·암흑 물질 26퍼센트·암흑 에너지 69퍼센트로 이루어져 있다고 말한다. 별들의 탄생과 죽음이 이루어지는 우주의 기본 생태계는 무엇으로 채워져 있을까. 한때 약한 중력 렌즈 효과를 이용한 우주의 물질 분포의 탐사로 암흑 물질을 바탕으로 한 표준 우주론 모형은 중대한 위기에 빠졌고 급격하게 인기를 잃기도 했다. 하지만 다시금 그 입지를 세우고 있는 암흑 물질은 어디까지 밝혀졌을까? 1990년대부터 나선 은하 규모에서의 암흑 물질 패러다임이 완성되었지만 여전히 암흑 물질의 정체는 오리무중이고 그 종류가 단순한지 다양한지 아무도 확신하지 못하고 있다.

2016년 12월 25일 미국의 천문학자 베라 루빈이 88세를 일기로 세상을 떠났다. 여성에게 많은 것이 허락되지 않았던 당시 천문학계에서 루빈은 '최초'라는 수식어를 여러 번 달았던 천문학자였다. 남성 천문학자들의 전유물이었던 팔로마 천문대에서 여성 최초로 관측을 하기도 했다. 루빈은 그의 동료인 켄트 포드와 함께 나선 은하를 관측하면서 암흑 물질의 존재를 찾아낸 것으로도 유명하다.

암흑 물질의 존재 가능성에 대해서 처음으로 제안한 사람은 네덜란드 천문학자 야코뷔스 캅테인이었다. 1922년까지 거슬러 올라간다. 캅테인의 제자인 얀 오르트도 1932년 우리 은하의 원반부 질량이 관측된 것보다 훨씬 더 무거워야 한다는 사실을 발견했다. 이는 은하 원반부에 눈에 보이지 않는 암흑 물질이 존재해야 함을 의미했다. 하지만 그의 관측값에 문제가 있다는 것이 밝혀지면서 그의 연구는 잊혔다. 1933년에는 천문학자 프리츠 츠비키가 은하단에 속한 은하들을 관측해 보니 눈에 보이는 물질보다 눈에 보이지 않는 물질이 훨씬 더 많아야 한다고 주장했다. 하지만 암흑 물질에 대한 선구자적인 제안들은 관측적인 결과가 뒷받침되지 못했기 때문에 더 이상 논의되지 못하고 묻혀버렸다.

암흑 물질을 다시 불러낸 것은 루빈이었다. 1960~70년대에 걸쳐서 루빈은 동료 천문학자인 포드와 함께 나선 은하들의 분광 관측을 통해서 정밀한 회전 속도 곡선을 모으기 시작했다. 은하를 구성하고 있는 별의 질량을 알면 그 은하의 중력 크기를 알 수 있고, 이를 통해 은하에 속한 별들의 이론적인 회전 속도를 계산할 수 있다. 만약 별의 속도가 이보다 더 크면 그 별은 은하로부터 탈출했을 것이다.

　그런데 루빈의 관측 결과는 좀 이상했다. 관측된 은하의 회전 속도가 별들의 질량으로 계산한 이론보다 더 크게 나타난 것이었다. 빨리 움직이는 별들이 탈출하지 않고 은하에 그대로 남아 있다는 의미였다. 이런 현상이 성립하려면 은하의 질량이 훨씬 더 무거워야만 했다. 즉 눈에 보이는 별들 외에 은하에 질량을 공급하는, 눈에 보이지 않는 물질이 존재해야만 했다. 루빈은 1980년 포드와 함께 낸 논문에서 나선 은하들의 회전 속도 곡선 관측으로 암흑 물질의 존재 가능성을 강하게 제기했다. 오스트레일리아의 천문학자 켄 프리만도 1970년에 나선 은하 NGC 300에 대한 연구 논문에서 보이지 않는 질량이 존재해야 한나고 언급했다.

　나선 은하에서의 암흑 물질의 존재가 확실히 정착하게 된 계기는 1978년 네덜란드 천문학자 알베르트 보스마의 박사 학위 논문이다. 보스마는 중성 수소 전파 관측을 통해서 나선 은하의 바깥쪽까지 관측했다. 루빈의 관측이 은하의 중심으로부터 멀리 나가지 못한 것에 비해서 보스마의 관측은 별들이 존재하지 않고 중성 수소만 존재하는 은하의 외곽까지 관측을 확장했다. 이 부분이 아주 중요하다. 은하의 외곽으로 가면 갈수록 별들의 수가 줄어들기 때문에 중력이 약하고 따라서 그로부터 계산되는 회전 속도는 작아야만 한다. 루빈의 관측이 은하 중심 쪽에 한정되어 있어서 그 결과가 어느 정도 한계가 있었다면 보스마의 관측은 별들이 없는 영역에서의 은하의 중력에 대해서 확실하게 말해 줄 수 있었다.

보스마의 관측 결과는 놀라웠다. 나선 은하의 바깥쪽 회전 속도 곡선이 편평하다는 사실이 밝혀진 것이다. 점점 회전 속도가 작아야 하는 지역에서 오히려 회전 속도가 크게 유지되고 있었다. 이로써 나선 은하에 회전 속도를 충분히 유지할 수 있을 정도로 많은 암흑 물질이 존재해야 한다는 것이 확실해졌다. 국내에서 석사 과정 학생이던 시절, 보스마의 논문을 접할 기회가 있었는데 바로 그의 연구에 매료되었다. 그 인연으로 나의 석사학위 논문 주제도 나선 은하의 질량 분포와 암흑 물질이 되었다. 그 이후 보스마가 학위를 받았던 네덜란드 흐로닝언 대학교로 유학을 가게 되었고 그곳에서 암흑 물질 연구를 포함한 논문으로 박사 학위를 받았다. 앞서 언급했듯이 암흑 물질의 존재에 대해서 처음으로 인식했던 캅테인의 제자가 오르트다. 그의 제자는 아드리안 블라우라는 사람인데 블라우의 제자는 필자의 박사학위 지도 교수인 테이르드 판 알바다 교수다. 보스마의 지도 교수도 판 알바다였다.

루빈과 보스마의 관측을 통해 나선 은하 안쪽에는 주로 별처럼 눈에 보이는 물질들이 원반 형태로 분포하고 암흑 물질은 바깥쪽에 공 모양으로 분포한다는 것이 밝혀졌다. 은하 원반을 동그랗게 공 모양으로 둘러싸고 있는 것을 암흑 물질 헤일로dark matter halos라고 부른다. 은하 원반에는 암흑 물질이 거의 존재하지 않는 것으로 알려졌다. 이것이 현재 패러다임으로 자리 잡고 있는 나선 은하의 물질 분포도라고 할 수 있다. 한편 타원 은하의 속도 분산 관측 결과에서도 암흑 물질의 존재가 확인되었다. 은하들 사이에서의 암흑 물질의 비중은 암흑 물질이 거의 없는 NGC 3379 같은 타원 은하로부터 별들이 별로 없고 거의 암흑 물질로만 구성된 드래곤플라이 44 같은 은하에 이르기까지 다양하다.

은하단 규모에서도 암흑 물질의 존재가 확인되었다. 특히 허블 우주 망원경을 통한 중력 렌즈 효과 관측으로 측정한 은하단의 질량은 암흑 물질의 존재를 다시 한번 확인해 주었다. 우주론적인 스케일에서 암흑 물질의 존재는 우주배경복사 관측이나 은하들의 거시적인 분포에서도 확인되고 있다. 이렇듯 다양한 스케일에서의 암흑 물질의 존재는 관측적으로 충분히 확인되고 있지만 그 정체에 대해서는 아직 확실하게 밝혀지지 않고 있다. 블랙홀이나 갈색왜성같이 전자기파로 감지하기 어려운 천체일 가능성을 탐구했지만 요구되는 암흑 물질의 양을 모두 설명할 정도는 되지 않는다.

아주 작은 질량을 갖고 있지만 우주 공간에 풍부하게 존재하는 중성미자 역시 암흑 물질의 양을 모두 설명하기에는 부족해 보인다. 현재 암흑 물질의 정체를 찾기 위한 노력의 대부분은 중력과 약력으로만 상호 작용하는 가상의 입자를 찾는 데 집

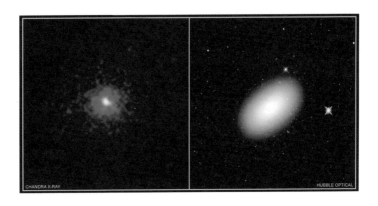

핵에 암흑 물질을 품은 은하가 나사의 찬드라 X선 관측소의
데이터를 사용한 천문학자들에 의해 확인되었다.
암흑 물질은 눈에 보이지 않지만 우주 질량의 대부분을 구성하고
그 기초 구조를 만들어 낸다.

중되고 있다. 하지만 아직 뚜렷한 성과는 없다. 21세기 천문학이
밝혀야 할 큰 과제 중 하나다. 현대 표준 우주론 모형에서는 우
주가 눈에 보이는 물질 5퍼센트, 정체를 모르는 암흑 물질 26퍼
센트, 마찬가지로 그 정체를 아직 모르는 암흑 에너지 69퍼센트
로 이루어져 있다고 말하고 있다.

최근 〈천체 물리학 저널〉 레터스 코너에 흥미로운 논문이 접
수되었다. 하버드 대학교의 에릭 크래머와 마이클 로완이 쓴 '대
멸종과 암흑 원반'이라는 논문이다. 지구는 역사상 생명체의 대
부분이 멸종하는 대멸종을 다섯 번 겪었다. 그 시기와 암흑 원반
사이에 연관성이 있다는 것이 이 논문의 결론이다. 공룡의 멸종

이 암흑 물질 때문이라는 이야기를 담은《암흑 물질과 공룡》책의 저자, 리사 랜들은 위 논문을 쓴 두 천문학자의 논문을 지도한 인물이다.

이 논문에서 그들은 태양계의 두 가지 운동에 주목한다. 태양계는 우리 은하의 원반에 위치하고 있는데 주기적으로 위아래로 움직인다. 그 주기는 3500만 년 정도 된다. 태양계가 우리 은하의 원반에서 멀어지면 근처 별들의 밀도도 떨어질 것이고 원반에 가까워지면 별들의 밀도와 분포도가 커질 것이다. 또한 태양계는 우리 은하의 중심을 기점으로 공전한다. 초속 250킬로미터 정도의 속도로 움직이는데 우리 은하는 나선팔이 있는 나선은하이기 때문에 태양계가 우리 은하 내에서 공전을 하다 보면 나선팔 지역을 통과할 때가 있다. 나선팔과 나선팔 사이에 위치해 있을 때가 나선팔을 통과할 때보다 근처 별들의 밀도가 낮을 것은 분명하다.

태양계 외곽을 둘러싸고 있는 오르트 구름이라는 것이 있다. 우리 은하 원반에서의 암흑 물질의 존재 가능성을 제기했던 얀 오르트의 이름을 딴 영역이다. 장주기 혜성들의 고향이라고 생각되는 수많은 얼음 알갱이들이 모여 있는 곳이다. 태양계의 두 가지 운동으로 인해서 태양계 근처 별들의 밀도가 높아지면 오르트 구름에도 영향을 미칠 것이다. 다른 천체의 인력에 영향을 받는 현상인, 섭동이 커져서 오르트 구름에 있던 얼음 알갱이들이 더 많이 태양계 안쪽으로 이동할 것이란 추정이 가능하다. 혜성이 되어 지구를 비롯한 태양계 내 천체에 충돌하는 빈도도 늘어날 것이다. 태양계의 원반 상하 운동과 나선팔 통과의 조합으로 주기적으로 이런 일이 발생할 가능성이 있다.

논문은 이 주기와 지구상에서 일어났던 대멸종 시기가 겹친다고 주장한다. 태양계의 나선팔 통과와 원반 상하 움직임을 조합해서 생각해 보면 6600만 년 전 공룡을 비롯한 많은 생명체의 멸종을 가져온 혜성 (또는 소행성) 충돌에 대한 설명이 가능하다는 것이다. 그런데 여기서 중요한 것은 태양계의 원반 상하 운동의 크기를 설명하려면 우리 은하 바깥쪽에 주로 분포하는 암흑 물질 헤일로 외에 우리 은하 원반에 납작한 형태로 존재하는 암흑 물질이 반드시 필요하다. 그것이 이 논문의 요점이다.

1990년대부터 나선 은하의 안쪽에는 주로 눈에 보이는 물질이 분포하고, 바깥쪽에는 공처럼 암흑 물질 헤일로가 둘러싸고 있으며, 은하 원반에는 암흑 물질이 존재하지 않는다는 나선 은하 스케일에서의 암흑 물질 패러다임이 완성되었다. 하지만 여전히 암흑 물질의 정체는 오리무중이고 그 종류가 단순한지 다양한지도 확신하지 못하고 있는 실정이다.

존재감 없이 묻혀 버렸던 은하 원반에서의 암흑 물질 존재 가능성에 대해 새로운 가설이 제기된 것은 흥미로운 일이고 반가운 일이다. 캅테인과 오르트가 처음 암흑 물질 문제를 제기하면서 관심을 보였던 '암흑 원반' 문제가 크래머와 로완의 주장처럼 화려하게 부활할 수 있을지는 더 두고 봐야 한다.

✧ 암흑 에너지와 조화 우주론 ✧

우주에서 우리 눈에 보이는 보통 물질은 채 5퍼센트도 되지 않는다. 나머지는 암흑 물질과 암흑 에너지로 구성돼 있다. 우주의 삼분의 이, 69퍼센트를 차지하는 암흑 에너지는 아직 그 정체가 밝혀진 적이 없다. 추정만 될 뿐이다. 우주 가속 팽창 이론의 주요 버팀목인 암흑 에너지가 존재하지 않으면 지금의 표준 우주론은 존재할 수 없다. 거의 모든 과학자들이 암흑 에너지의 존재를 인정하지만 우주 공간에 균일하게 퍼진 '에너지 밀도'로 이해할 뿐이다. 일부에서는 그 존재를 부정하기도 한다. 그러나, 무언가 분명 있는데, 있어야만 하는데, 그 정체는 여전히 불분명하다

현재 우주의 나이는 약 138억 살. 현대 표준 우주론이 맞다면 우리가 살고 있는 현재의 우주는 물질 5퍼센트, 암흑 물질 26

퍼센트, 그리고 암흑 에너지 69퍼센트로 구성돼 있다. 연구 결과에 따라서 약간의 차이는 있지만 플랑크 우주 망원경의 관측 결과를 바탕으로 한 이 값들이 현재 우리가 알고 있는 최선이다. 이 값들의 자체 오차도 아주 작고 독립적인 다른 연구에서도 이 값들과 비슷한 결과를 얻고 있다. 허블 상수나 우주의 나이 같은 우주론의 중요한 요소들의 값도 각각 작은 오차 속에 결정돼 있다. 서로 다른 연구 간의 일부 불일치는 있지만 대체로 놀라울 정도의 정밀도로 일치하고 있다. 그래서 이 모든 값들이 조화롭게 거의 모든 관측 결과와 이론과 잘 맞아떨어진다는 의미에서 현대 우주론을 '조화 우주론'이라고까지 부르곤 한다.

우주론의 각 요소 값들의 관측 오차가 줄어들다 보니 다른 연구 결과에서 도출된 값들이 서로의 오차 범위를 벗어나는 경우도 있었다. 앞서 허블 상수 값을 둘러싼 논쟁이 그러했다. 새로운 우주론을 향한 발화인지 한 값으로의 수렴을 향한 과정인지는 더 지켜봐야 할 것이다. 우주 구성원들의 상대적인 비율도 연구 결과에 따라서 약간씩 다르지만 그 차이가 크지 않고 플랑크 우주 망원경의 관측 결과 값은 상당히 견고한 편이다.

보통 물질은 우리 눈에 보이는 물질을 말한다. 우리들 자신도 보통 물질로 이루어져 있다. 별도 마찬가지다. 암흑 물질은 빛을 내지 않지만 질량을 갖고 있어서 중력적인 작용을 하는 물질을 말한다. 관측을 통해서 알려지지 않았던 암흑 물질의 일부가 발견됐지만 26퍼센트를 채우기에는 역부족이었다. 암흑 물질을 찾기 위한 노력이 이어지고 있지만 그 정체는 아직 명확하게 밝혀지지 않았다. 암흑 에너지의 문제는 더 크다. 암흑 물질은 일부지만 그 정체가 드러난 경우도 있고 찾아야 할 후보를 특정하고 관측과 실험을 계속하고 있다. 반면에 암흑 에너지는 우주 구성원의 69퍼센트를 차지한다고 알려져 있음에도 불구하고 그 정체에 대해서는 확신할 수 있는 것이 전혀 없는 상태다. 이번 세기 천체 물리학의 최대 난제라고 할 수 있다.

암흑 에너지의 존재 자체는 거의 모든 과학자들이 받아들이고 있다. 존재한다는 것을 확신하기보다는 존재해야만 한다고 생각한다. 거의 모든 독립적인 관측 결과들이 암흑 에너지의 존재를 필요로 하고 있다. 암흑 에너지의 정체에 대해서는 아는 바가 전혀 없지만 그 기능에 대해서는 명확하다는 이야기다. 암흑 에너지는 정체가 무엇인지는 모르지만 우주 공간에 균일하게 펴져 있는 에너지라고 가정한다. 우주의 가속 팽창이라는 관측 결과를 설명하기 위해서 도입한 가상의 요소다. 따라서 암흑 에너지는 태생적으로 우주가 팽창하면 가속 팽창을 돕는 역할을 하는 속성을 지녀야만 한다. 암흑 에너지는 공간의 본질적인 특성이고 부피에 관계없이 일정한 에너지 밀도를 갖고 있다고 가정한다. 우주 공간에 균일하게 펴져 있으면서 우주가 팽창함에 따라 그 비중이 늘어나서 가속 팽창을 돕는 암흑 에너지가 존재해야만 한다는 관측 결과는 꽤나 견고한 것 같다.

1998년에 제Ia형 초신성 관측을 바탕으로 우주가 가속 팽창

초신성의 폭발하는 잔해. 거대한 별들이 짧은 생을 마감할 때,
폭발적인 빛으로 우주에 불을 밝힌다.

중이라는 연구 결과가 발표됐다. 솔 펄머터, 브라이언 슈밋, 그리고 애덤 리스는 이 업적을 바탕으로 2011년에 노벨 물리학상을 받았다. 수상 당시 우주의 가속 팽창이라는 결과에 노벨상을 수여하기는 아직 이르다는 의견도 만만치 않았지만 과학계는 우주의 가속 팽창을 이미 확고한 사실로 받아들였고 노벨 물리학상이 수여되었다.

초신성은 폭발할 때 그 밝기가 원래 밝기의 1천억 배까지도 밝아지기 때문에 아주 멀리 떨어져 있어도 관측하기가 상대적으로 쉽다. 또한 폭발의 물리적인 메커니즘이 분명해서 초신성의 실제 밝기에 대한 이론적 근거가 탄탄한 편이다. 거리가 멀어지면 겉보기 밝기는 어두워진다. 초신성의 실제 밝기와 초신성의 겉보기 밝기를 측정한다면 그 초신성까지의 거리를 구할 수 있을 것이다. 천문학자들은 멀리 떨어져 있는 은하의 초신성 폭발 밝기를 측정하고 진짜 밝기와 비교함으로써 그 은하까지의 거리를 구할 수 있게 됐다. 다른 한편 그 은하까지의 적색이동 값을 구한 후 비교하면 우주론에서 필요한 여러 요소들을 구할 수 있다. 초신성을 일종의 거리를 구하는 표준 촛불로 사용하는 것이다. 멀리 떨어져 있는 은하들에서 발견된 초신성을 관측하고 그 은하들의 적색이동 값을 관측, 비교해서 우주가 가속 팽창한다는 사실을 알아냈다. 1998년에 역사적인 논문이 발표된 이후 초신성을 표준 촛불로 활용한 관측이 이어졌고 연구가 계속됐다. 지금까지의 결론은 대체적으로 우주가 가속 팽창하고 있다는 원래 결론을 지지하는 쪽에 기울어 있다.

초신성 관측 결과가 발표되기 이전부터 암흑 에너지의 존재를 알리는 관측 결과들이 종종 발표됐었다. 주로 우주의 거대 구조 형성과 관련된 연구에서 암흑 에너지의 존재 가능성을 제기하곤 했다. 1998년 이후로도 더 자세한 우주의 거대 구조 연구가 이어졌다. 일반적인 결과는 우주의 거대 구조 관측 결과가 우주의 가속 팽창을 전제로 한 우주 모형과 잘 맞는다는 것이었다. 우주배경복사의 관측이 활발해지면서 우주의 가속 팽창에 대한 증거는 늘어만 갔다. 우주배경복사 관측 결과 우주의 모습이 거의 편평한 것으로 밝혀졌다. 우주 모양이 편평한 상태를 보이기 위해서는 우주의 평균 밀도가 임계 밀도와 같아야만 한다. 그런데 우주의 평균 밀도는 임계 밀도의 30퍼센트 정도로 관측되었다. 나머지를 설명하기 위해서는 다른 형태의 무엇인가가 존재해야만 했다. 이렇듯 암흑 에너지는 우주 물질 및 에너지의 총량과 다른 한편 측정된 우주의 기하학적 모양을 조화시키기 위해서 필요했던 것이다. 이후 플랑크 우주 망원경의 관측을 바탕으로 추정한 값인 암흑 에너지 69퍼센트, 암흑 물질 26퍼센트 그리고 보통 물질 5퍼센트 비율이 표준으로 받아들여지고 있다.

암흑 에너지의 존재는 현재 표준 우주론 입장에서 보면 필수 불가결한 것처럼 보인다. 우주 속에서 차지하고 있는 비율도 비교적 정확하게 추정되고 있는 것 같다. 문제는 그 정체다. 암흑 에너지는 도대체 무엇이란 말인가? 암흑 에너지의 물리적 특성과 역할은 상대적으로 분명하다. 가속 팽창을 돕는 우주 공간에 균일하게 널리 퍼져 있으며 부피와 관계없는 속성을 지닌다. 정체는 여전히 오리무중이다. 아인슈타인이 자신의 장방정식에 도입했던 우주 상수도 암흑 에너지 후보로 거론되고 있다. 우주의 팽창을 막는 역할을 하도록 고안된 우주 상수가 암흑 에너지의 속성을 지닌 채 관측 결과와 일치하는 형태로 작동할 수 있기 때문이다. 우주 초기의 급팽창 시기를 설명하는 과정에서 도입된 진공 에너지를 암흑 에너지로 여기기도 한다. 결과적으로 이들은 암흑 에너지가 해야만 하는 역할을 대체할 수 있다. 현재로서는 암흑 에너지의 정체에 가장 근접한 후보들이다. 하지만 이들의 정량적인 물리량과 관측에서 요구되고 있는 값 사이에 큰 차이가 있는데 아직 이 문제를 해결하지 못하고 있다.

암흑 에너지의 존재를 부정하는 견해도 있다. 우리가 알고 있는 물리 법칙이 완전하지 않은데 이것을 수정하면 암흑 에너지의 존재 없이도 관측 결과를 설명할 수 있다는 주장이다. 크게 호응은 받고 있지 못하지만 현재의 표준 이론에 대한 도전이므로 늘 관심의 대상이다. 암흑 에너지 존재가 환영일 것이라고 주장하는 다른 한편에는 초신성을 표준 촛불로 사용하는 것이 적절한지 의문을 던지는 천문학자들이 있다. 모든 초신성의 밝기가 정말 똑같은지 근원적인 질문도 던진다. 이것이 흔들린다면 이로부터 구한 모든 물리량들이 의심을 받을 것이다. 초신성의 겉보기 밝기를 관측할 때 생기는 먼지에 의한 빛의 감소 같은 문제를 심각하게 생각하는 사람들도 있다. 이 부분들이 정확하지 않으면 그다음의 결과에도 문제가 있을 수 있다는 것이다.

2019년 8월 미국 물리학회 저널인 〈피지컬 리뷰〉에 흥미로운 논문이 한 편이 실렸다.[10] 제목은 '원자 간섭계를 이용한 암흑 에너지 포착 실험'이다. 참고로 우주에 존재하는 네 가지 힘은 강력, 약력, 중력, 전자기력이 있다. 요점은 암흑 에너지가 새로운 제5의 힘일 가능성을 살펴봤는데 아니라는 것이다. 다른 관점에서 암흑 에너지의 정체 문제에 접근하는 시도는 많지만 역시 뚜렷한 결과를 던지지는 못하고 있다. 영국 왕립천문학회의 〈월간 보고〉 2017년 11월호에는 '제Ia형 초신성에 의한 겉보기 우주 가속 팽창'이라는 논문이 한 편 실려 있다.[11] 초신성 관측 결과를 바탕으로 가속 팽창을 사실로 받아들이고 있는데 가속 팽창이 없는 상태라고 가정하고 관측 결과를 표준 우주 모형에 적용해도 비슷한 결과가 나온다는 것이다. 초신성을 표준 촛불로 사용하는 것에 대해 강한 의문을 제기하는 천문학자들은 초신성이 포함돼 있는 은하 내의 먼지에 의한 초신성의 겉보기 밝기 감소가 심각한 문제라는 의견을 낸다. 거의 모든 천문학자들이 이 의견에 동의한다. 다만 그 보정 방법과 정도에 대해서는 의견이 엇갈린다. 이를 핵심적인 문제로 보면 문제가 심각해질 수도 있다. 초신성의 진짜 밝기가 모든 초신성에 대해서 똑같지 않다는 의견도 있다. 그렇다면 초신성을 사용해서 측정한 거리에 문제가 생긴다. 가속 팽창의 실제에 대한 의문을 제기할 수 있다.

하지만 가속 팽창과 이를 이끄는 암흑 에너지의 존재는 초신성 관측 연구를 통해서만 나온 것이 아니다. 우주배경복사 관측과 우주 거대 구조 관측 결과 등 독립적인 많은 관측 결과가 암흑 에너지의 존재 필요성을 말하고 있다. 암흑 에너지의 존재를 부인하려면 이 모든 것들에 대한 설명이 동시에 있어야 할 것이다. 최근의 많은 관측 결과들은 그 정체가 아직 불분명하지만 여전히 암흑 에너지의 존재를 인정하고 가속 팽창을 지지하고 있는 것 같다. 하지만 암흑 에너지의 정체는 여전히 불분명하다. 더 많은 도전이 필요한 시기다.

✧ 현대 천문학의 최대 난제 ✧

어느 시대나 난제는 있기 마련이다. 암흑 물질의 정체를 밝히는 작업
은 21세기 천문학이 풀어야 할 난제 중 난제가 되었다. 중력적으로 상호
작용하는 무엇, 암흑 물질이 존재할 것이라는 생각은 오랜 역사를 갖
고 있다. 관측한 별의 속도나 분산값이 관측된 물질의 양으로부터 계산
한 값과 맞지 않을 때, 아직 관측하지 못한 물질이 존재할 것이라는 추
론을 하곤 했다. 스위스의 천문학자인 프리츠 츠위키는 은하단 규모에
서 암흑 물질의 존재를 이야기했다. 은하단 소속 은하들의 속도로부터
계산한 은하단 질량과 은하의 밝기와 개수로부터 결정한 은하단 질량
사이에 차이가 생겼다. 이 차이를 메우는 암흑 물질이 존재해야 한다고
주장했다.

    중력의 영향을 받는 관측값과 눈에 보이는 물질에서 얻은

결과값 사이의 차이는 종종 발생한다. 이 괴리를 설명하기 위해 정체는 모르지만 중력적인 작용으로 그 실체를 드러내는 어떤 존재를 임의로 설정하는 것은 천문학의 오래된 전통이다. 암흑 물질도 그런 전형적인 추론에서 탄생했다.

1970년대가 되면서 암흑 물질이 존재한다는 증거들이 많이 나타나기 시작했다. 앞서 베라 루빈은 광학 스펙트럼 관측으로 얻은 은하의 회전 속도 곡선을 살펴봤다. 은하의 눈에 보이는 물질(즉 별들)로 추정한 은하의 질량을 은하의 회전 속도 곡선으로 계산한 은하의 질량과 비교했다. 차이가 있었다. 후자가 훨씬 컸다. 이 상황을 설명하기 위해서는 아직 그 정체는 모르지만 질량을 갖고 있는 무언가가 존재해야 했다. 암흑 물질의 등상이다. 눈에 보이는 물질이 아닌 중력적으로 상호 작용하는 물질을 암흑 물질이라고 이름 붙였다.

전파 망원경을 여러 대 연결해 하나의 거대한 전파 망원경처럼 구성해 관측하는 전파 간섭계가 발달하면서 은하의 관측도 용이해졌다. 나선 은하의 바깥쪽까지 멀리 뻗어 있는 중성 수소의 움직임을 정밀하게 관측할 수 있게 되었다. 루빈의 관측은 별들이 존재하는 은하의 안쪽 부분에 그쳤지만 간섭계 전파 망원경으로는 은하의 바깥쪽을 탐색할 수 있었다. 관측된 은하의 회전 속도 곡선은 은하의 바깥쪽에서도 주로 편평한 모습을 보였다. 은하의 바깥쪽은 별들의 밀도가 낮다. 주로 중성 수소 같은 가스로만 이루어져 있다. 질량이 작은 영역이다. 눈에 보이는 별과 가스의 양으로 계산한 중력장으로 재구성한 은하의 회전 속도 곡선은 안쪽에서 제일 큰 값을 보이고 바깥으로 갈수록 감소하는 모습을 보였다. 그런데 간섭계 전파 망원경으로 관측한 은하의 회전 속도값은 바깥쪽에서도 큰 값을 유지했다. 은하의 바깥 영역에 큰 회전 속도값을 유지하게 하는 보이지 않는 질량이 있어야만 한다는 의미다.

필자가 유학 생활을 했던 네덜란드의 호로닝언 대학교 천문학과는 간섭계 전파 망원경을 사용한 은하 회전 속도 곡선 관측의 중심지였다. 이를 바탕으로 나선 은하에서의 암흑 물질 연구가 활발하게 이루어지고 있었다. 내 박사 학위 논문에도 나선 은하의 회전 속도 관측이 포함되어 있다. 개별 은하에 대한 관측뿐 아니라 은하단에 속한 나선 은하의 관측도 활발하게 이루어졌다. 이 관측으로부터 나온 결과는 나선 은하 내에 암흑 물질이 존재해야 한다는 사실을 다시 확인시켜 줬다. 은하의 바깥쪽에서도 속도가 줄어들지 않는 편평한 회전 속도 곡선은 여전히 암흑 물질의 존재를 보여 주는 가장 강력한 관측적 증거로 남아 있다.

은하단에 속한 은하들의 속도 분포도 은하단 크기에서 암흑 물질이 존재해야만 한다는 사실을 지지하고 있다. 은하단에 의한 중력 렌즈 효과 관측이 활발해지면서 중력 렌즈를 일으키는 주체인 은하단의 전체 질량을 계산하는 독립된 관측 도구를 갖게 됐다. 이렇게 계산한 은하단의 질량은 개별 은하의 눈에 보이는 물질의 양을 더한 질량과 큰 차이를 보였다. 은하단에서의 암흑 물질의 존재를 필요로 하는 관측 결과들이 많이 나오고 있다.

영국 왕립천문학회 〈월간 보고〉 2020년 3월호에 흥미로운 논문이 한 편 실렸다. 영국의 유니버시티 칼리지 런던 소속 니얼 제프리 연구팀이 쓴 'DES SV 약한 렌즈 데이터에서 딥 러닝 암흑 물질 지도 재구성'라는 제목의 논문이다.[12] 딥러닝을 활용해 중력 렌즈 관측 자료로부터 암흑 물질에 관한 정보를 찾아보겠다는 것이다. 인공지능 알고리즘을 활용해 방대한 관측 자료로부터 의미 있는 결과를 추출해 내는 것은 이제 거의 상식이 됐다. 그동안 미처 건드리지 못했던 막대한 양의 관측 자료를 인공지능 알고리즘의 도움으로 살펴본다면 훨씬 더 체계적으로 암흑 물질 연구를 진행할 수 있을 것이다.

우주배경복사를 관측한 우주 망원경 자료들도 암흑 물질이 존재해야 한다는 결론을 내리고 있다. 플랑크 우주 망원경이 관측한 자료를 분석한 결과, 암흑 물질은 우주 전체의 물질-에너지 총량의 26퍼센트를 차지한다. 눈에 보이는 물질이 5퍼센트를 차지하고 나머지 69퍼센트는 암흑 에너지의 몫이다. 다른 관측에서는 조금 다른 결론에 도달하기도 하지만 암흑 물질의 비율은 크게 다르지 않다. 앞서 언급한 관측과는 다른 방식의 독립된 관측을 통해서도 거시적인 스케일에서 암흑 물질의 존재가 확인된다.

암흑 물질이 존재해야 하는 근거는 다양한 층위의 관측을 통해 확인되고 있다. 우주의 거대 구조물로부터 은하에 이르기까지 그 형성 과정을 설명하는 이론에서도 현재 우주의 모습을 구현하기 위해서는 암흑 물질이 존재해야 한다고 말하고 있다. 다른 여러 독립된 우주론적 관측에서도 비슷한 결론을 내고 있다. 가상 입자가 포착되고 암흑 물질의 정체로 판명된다면 우주론에 큰 변화가 생길 것이고 또 우주에서 물질의 형성 이론도 새롭게 쓸 수 있게 될 것이다. 21세기는 암흑 물질의 정체를 찾아가는 긴 여정으로 기록될 가능성이 높고 우리는 그 과정을 동시대적으로 따라가는 재미를 느낄 수 있을 것이다.

눈에 보이는 물질은 아니면서 그보다 훨씬 많은 질량을 차지하는 암흑 물질은 중력적인 작용을 통해 주로 그 존재를 보여 주고 있다. 그렇다면 암흑 물질의 정체는 무엇일까. 앞에서 이야기한 결과들은 암흑 물질의 상호 작용 결과를 보여 준다. 특성을 보여 주지만 그 정체에 대해서는 정보를 제공하지 못한다. 여전히 보통 물질이라고 할 수 있는 천체들도 그 후보가 될 수 있다. 블랙홀이나 중성자별 그리고 백색왜성 같은 별들이 죽은 후 생성되는 천체들이 후보다. 이들은 질량을 갖고 있어 중력적으로 영향을 주고받지만 눈에 보이지 않거나 어두워서 잘 보이지 않는다. 아주 작은 갈색왜성도 후보가 된다. '무겁고 작은 헤일로 물질Massive compact halo objects(MACHO)' 프로젝트는 이런 천체들을 찾아보려는 시도였다. 실제로 이 프로젝트를 통해 암흑 물질을 찾았다. 하지만 그 양은 설명에 필요한 암흑 물질량에는 턱없이 부족했다. 결론은 이런 종류의 암흑 물질이 존재하지만 그 양은 미미하다.

중성 미자(뉴트리노)도 암흑 물질의 후보였다. 뉴트리노는 아주 작지만 질량을 갖고 있다. 그리고 그 수가 엄청나게 많다. 그래서 한때 암흑 물질의 정체가 바로 뉴트리노라고 기대한 적도 있다. 하지만 관측 결과 그 총량은 역시 암흑 물질의 양을 설명하기에는 역부족이었다. 암흑 물질이라고 부를 만한 것들이 일부 밝혀졌지만 암흑 물질의 대다수를 차지하고 있는 것의 정체는 여전히 미궁 속에 있다.

이런 상황에서 현재 과학자들은 암흑 물질의 대다수를 이루고 있는 것의 정체를 가상에서 찾으려 하고 있다. 많은 후보들이 제안되었다. 약하게 상호 작용하는 질량이 큰 입자라는 뜻의 윔프Weakly interacting massive particles(WIMPs)라는 가상의 입자가 꾸준히 관심을 끌고 있다. 사실 윔프는 이론적 정의도 명확하게 내려져 있는 것은 아니다. 표준 입자에 비해 큰 질량을 갖고 주로 약력과 중력을 통해서만 상호 작용을 하는 가상의 입자라고 이해하면 무리가 없을 것이다. 이 가상 입자를 포착하기 위한 노력이 계속되고 있다.

액시온은 다른 이유에서 후보가 된 가상의 입자인데, 암흑 물질의 정체를 이 가상 입자로 생각하는 과학자들도 있다. 현대 우주론의 한 축을 담당하고 있는 급팽창 이론에 의하면 초기 우주에서 액시온이 발생할 수 있다. 만약 액시온이 작은 질량을 갖는다면 초기 우주에 생겨난 액시온이 우주 전체에 퍼져 있을 수 있다는 것이다. 암흑 물질 후보로 손색이 없다.

암흑 물질의 존재는 확고한 것 같다. '암흑 물질이라는 어떤 것이 존재해야만 한다는 사실이 확실한 것 같다'라고 하는 것이 더 정확한 표현이다. 암흑 물질의 존재는 어느 한 관측 결과나 이론으로부터 나온 것이 아니라 서로 얽혀 있거나 또는 독립된 여러 이론과 관측으로부터 수렴된 결과로부터 추론된 것이다. 그만큼 확고한 결과이다. 단순히 몇몇 관측 결과가 다르게 나온 다고 해서 암흑 물질 존재를 부인할 수는 없다.

하지만 암흑 물질의 정체는 여전히 오리무중이다. 이미 알려져 있는 종류의 물질에 대한 관측 결과는 만족스럽지 못하다. 물리학자들이 제안한 가상 입자들의 포착에 기대를 하고 있는 형편이다. 가상 입자가 포착되고 암흑 물질의 정체로 판명된다면 우주론에서도 큰 변화가 생길 것이다. 표준 입자 모형은 수정되고 우주에서 물질의 형성 이론도 새롭게 쓰일 것이다. 이는 우주의 거대 구조나 은하의 형성에 대한 더 정밀한 정보를 제공할 것이다.

거의 모두 암흑 물질의 존재를 받아들이고 있는 상황을 반전시키려면 그에 걸맞은 획기적인 관측 결과가 있어야 하는데 그 가능성은 언제든 열려 있다. 넘어야 할 산이 많을 뿐이다. 아주 잘 알려진 관측 결과와 그것을 일으키는 것의 정체를 거의 모르는 상황이 공존하는 것이 현대 천문학의 현실이다. 21세기는 암흑 물질의 정체를 찾아가는 긴 여정으로 기록될 가능성이 높다. 우리에게는 동시대 과학자들의 이 여정을 지켜볼 수 있는 기회가 주어져 있다. 과학자들의 건투를 빈다.

4장

중력파와 아인슈타인

✧ 아인슈타인을 검증하는 관측 ✧

아인슈타인 상대성 이론의 등장은 우주를 보는 인류의 관점을 완전히 바꿔 놓았다. 1915년에 발표된 일반 상대성 이론에는 '중력 렌즈 효과'가 나온다. 질량은 우주의 시공간을 휘어지게 하고 빛은 이렇게 휜 시공간을 따라 움직이게 되므로 빛의 경로 또한 휘어진다. 별·은하·은하단처럼 질량을 가진 천체들은 중력으로 빛의 경로를 변형시키는 역할을 하는데 마치 광학 렌즈가 빛을 굴절시키는 것 같은 효과라는 의미에서 이들 천체를 '중력 렌즈'라고 부른다. 질량을 갖고 있는 우주의 모든 구성원은 중력 렌즈가 될 수 있다. 중력 렌즈에 의해서 생기는 빛의 변형을 '중력 렌즈 효과'라고 부른다. 일종의 신기루 현상이라고나 할까.

알베르트 아인슈타인은 1905년에 특수 상대성 이론을 발표한 후 1915년이 되어서야 일반 상대성 이론을 발표한다. 중력에 대한 개념이 포함되어 있지 않았던 특수 상대성 이론을 중력에 대한 개념이 포함된 이론으로 정립하는 데 10년의 시간이 필요했다. 일반 상대성 이론은 그동안 중력 이론의 패러다임으로 자리 잡고 있었던 뉴턴의 중력 법칙과는 근본적으로 달랐다. 시간과 공간은 뉴턴이 생각한 것처럼 서로 독립된 것이 아니라 서로 상호 작용한다는 것이 일반 상대성 이론의 핵심이다.

뉴턴의 이론과 달리 공간은 절대적인 것이 아니라 질량을 가진 물체에 의해서 휘어진다. 시공간은 절대적인 것이 아니고 그 속의 물체와 상호 작용하는 유동적인 존재이다. 중력은 뉴턴이 말했던 잡아당기는 힘이 아니다. 중력이란 질량을 가진 물체가 시공간과 상호 작용해서 주변 공간을 휘어 놓은 정도이다. 이것이 일반 상대성 이론이 말하는 중력이다. 물체에 의해서 공간이 휘는 현상이 중력이고 공간의 곡률이 곧 중력의 크기가 된다.

뉴턴과 아인슈타인의 이론은 시공간에 대한 전제가 이토록 다르다. 관측으로 확인해 보면 어느 중력 이론이 맞는지 알 수 있다. 영국의 천문학자 아서 스탠리 에딩턴은 1919년 개기 일식 관측 결과로 일반 상대성 이론을 증명했다. 개기 일식이 진행되는 동안은 태양이 달에 의해서 가려지기 때문에 하늘에서 별들을 볼 수 있다. 태양과 함께 별을 볼 수 있는 특별한 기회인 것이다. 아인슈타인의 일반 상대성 이론이 옳다면 태양 질량에 의해서 주변 공간이 휘어질 것이다. 그 영향으로 태양 뒤에서 오는 별빛은 휘어진 태양 주변의 공간을 따라 움직여서 우리에게 도달할 것이다. 이 별들의 위치를 측정한 후 태양이 없는 밤하늘에서 같은 별들의 위치를 측정한 것을 비교하면 된다. 태양에 의한 주변 공간의 휨 현상이 실제 일어났다면 이들 별의 위치에는 차이가 있을 것이다. 태양의 질량을 알고 있으니 얼마나 다를지도 미리 예측할 수 있다. 예측한 값과 관측한 값이 정확히 일치해야만 아인슈타인의 일반 상대성 이론이 증명될 것이었다.

에딩턴은 개기 일식 때 태양 주변에 보일 별들을 뽑은 후 미리 밤하늘에서 사진을 찍어 두었다. 에딩턴은 이 사진에 찍힌 별들의 위치를 1919년 5월 29일 개기 일식 때 찍은 별들의 위치와 비교했다. 관측 자료의 질은 높지 않았지만 아인슈타인의 일반 상대성 이론에서 예측한 그만큼의 차이로 별들의 위치가 차이 나는 것을 발견했다. 일반 상대성 이론이 관측적으로 증명된 것이었다. 뉴턴이 틀렸고 아인슈타인이 옳았다. 우주 탐사선이나 인공위성에서 지구로 보내는 전자기파도 휘어진다. 가까운 태양이나 행성의 질량으로 인한 중력 때문이다. 과학자들은 수많은 우주 탐사선의 신호를 분석한 결과 아인슈타인의 일반 상대성 이론이 옳았음을 증명했다.

일반 상대성 이론이 발표된 후 100년이 넘는 세월 동안 아인슈타인의 일반 상대성 이론이 옳은지 확인하는 온갖 종류의 관측과 실험이 있었다. 수성이 태양 주위를 공전한 후 태양에서 가장 가까운 지점, 즉 근일점으로 돌아올 때 그 위치가 매년 조금씩 변한다. 그런데 이 위치 변화의 크기를 설명하기 힘들었다.

그런데 일반 상대성 이론의 예측값은 수성의 근일점 관측값과 일치했다. 일반 상대성 이론이 맞는 이론이라는 오래된 증거 중 하나다.

인공위성으로 중력에 따른 적색이동 현상도 지속적으로 관측하고 있다. 적색이동은 별빛이 멀어질 때 전체 빛이 빛의 파장이 긴 붉은 쪽으로 이동하는 현상이다. 결과는 늘 일반 상대성 이론의 예측과 잘 맞아떨어졌다. 태양이나 행성 근처를 지나는 우주 탐사선이 지구로 보내는 전자기파 신호도 휘어진 주변 공간을 따라서 움직이기 때문에 어떤 차이가 생길 것이다. 수많은 우주 탐사선의 신호를 분석한 결과 역시 아인슈타인이 옳았다는 것이 증명되고 있다. 지구 질량에 의해서도 주변 공간이 휘어질 것이다. 당연히 지구 주위를 돌고 있는 인공위성에서 지구로 오는 신호에도 영향을 미칠 것이다. 결과는 일반 상대성 이론의 예측 그대로 관측되었다. 중력파의 발견 또한 그야말로 아인슈타인의 일반 상대성 이론이 정확하다는 것을 확인 또 확인해 주는 21세기 최고의 사건 중 하나였다.

천체에 의해서 주변 공간이 휘는 현상으로부터 중력 렌즈 효과가 생긴다. 에딩턴이 개기 일식 때 태양 주변 별들의 위치를 측정해서 태양이 없는 밤하늘에서의 같은 위치의 별들과 비교한 것도 사실은 중력 렌즈 효과를 이용한 것이다. 우리가 바라보고 있는 어떤 천체 뒤쪽에 다른 천체가 있다고 가정해 보자. 뒤에 있는 천체는 앞에 있는 천체 때문에 우리에게 보이지 않을 것이다. 그 천체로부터 오는 빛이 우리와 그 천체 사이에 놓인 다른 천체에 가려졌기 때문이다. 그런데 우리와 그 천체 사이에 놓인 천체는 질량을 갖고 있기에 주변 공간을 휘어지게 할 것이다. 일반 상대성 이론이 옳다면 말이다.

중간에 놓인 천체 때문에 주변 공간이 휘어지게 되면 그 너머에 있는 가려서 보이지 않던 천체로부터 오는 빛의 경로가 달라지게 된다. 뒤에 있는 천체로부터 오는 빛은 그저 직진을 할 것이다. 그런데 공간이 휘어졌기 때문에 그 휘어진 공간의 경로로 날아와 우리에게 인지된다. 이런 현상을 중력 렌즈 효과라고 한다. 이 과정에서 빛은 증폭되는 효과도 보인다.

우리가 바라볼 때 우리와 두 천체 사이의 기하학적인 각도에 따라서 중력 렌즈 효과는 다양한 양식으로 관측된다. 렌즈 역할을 하는 중간 천체의 질량과 모양에 따라서도 다양한 현상이 발생한다. 뒤쪽 천체와 중간 천체가 우리가 바라볼 때 정확히 일치하는 직선상에 놓인다면 뒤쪽 천체는 중간 천체 주변을 마치 원처럼 둘러싼 모양으로 나타날 것이다. 원의 크기는 중간 천체의 질량 같은 물리량에 따라서 결정된다. 이 원을 아인슈타인 링이라고 부른다. 이런 현상은 아주 드물다. 위치가 정확히 일치해야만 하기 때문이다. 보통은 정확히 일직선상이 아니라 약간의 각도를 갖고 위치한다. 이런 경우에는 완벽한 원이 아니라 다양한 형태의 변형된 모습으로 관측될 것이다.

은하같이 질량이 큰 천체에 의해서 뒤쪽의 천체가 보이는 경우가 대표적인데 강한 중력 렌즈 효과라고 부른다. 렌즈 역할을 하는 중간 천체의 질량이 작거나 아주 멀리 있을 경우에는 아인슈타인 링 같은 형태를 관측할 수 없다. 이 경우 중간 천체의 밝기가 변하는 양상으로 관측된다. 미소 중력 렌즈 효과라고 부른다. 천체들은 하늘에 수도 없이 널려 있으니 서로에 의해서 만들어진 공간의 휘어짐 현상에 영향을 받을 것이다. 약하지만 광범위하게 일어나는 중력 렌즈 효과가 관측될 것이다. 이런 현상을 약한 중력 렌즈 효과라고 한다. 이렇게 여러 단계에서 중력 렌즈 효과가 일어날 수 있다. 모든 단계에서 중력 렌즈 효과가 관측되었고 아인슈타인이 옳았다는 것이 계속 관측적으로 증명되고 있다. 은하단에 의해서 더 먼 곳에 위치한 은하단의 은하들이 중력 렌즈 효과를 일으키는 모습도 빈번하게 관측되고 있다.

2018년 6월, 포츠머스 대학교 우주론과 중력 연구소의 토머스 콜레트 박사 연구팀은 과학 저널 〈사이언스〉에 '은하 단위에서의 일반 상대성 이론 정밀 검증'이라는 흥미로운 논문을 발표했다.[13] 은하 규모에서 일반 상대성 이론을 관측적으로 검증했다는 것이다. 100년 넘도록 이어져 온 일반 상대성 이론 검증 대열에 또 하나의 성공 사례를 보태겠다는 의지였다. 아인슈타인의 일반 상대성 이론은 그동안 지구 근처나 태양계 단위에서 수많은 관측을 통해서 확고하게 검증되어 왔다. 은하나 은하단에 의한 중력 렌즈 효과도 관측되어서 일반 상대성 이론이 그 규모에서도 작동한다는 것은 이미 확인되었다. 하지만 은하 규모에서 정량적으로 정밀하게 확인된 경우는 거의 없었다.

콜레트 박사 연구팀은 가까운 중력 렌즈 천체인 ESO 325-G004를 정밀하게 관측했다. 그들의 결론은 아인슈타인이 이번에도 옳았다는 것이었다. ESO 325-G004는 우리가 바라보고 있는 은하에 의해서 그 뒤쪽에 놓인 은하가 중력 렌즈 효과에 의해서 아인슈타인 링의 모습으로 관측되는 경우다. 은하들이 거의 일직선상에 놓여 있어서 거의 원에 가까운 아인슈타인 링을 볼 수 있었다. 연구팀은 아인슈타인 링의 크기와 모양으로부터 렌즈 역할을 하는 은하의 정확한 질량을 구하는 데 성공했다. 질량을 가진 천체 주변 공간의 휘어짐을 예측할 수 있듯이 중력 렌즈 효과에 의한 관측 현상을 역으로 이용하면 렌즈 효과를 일으키는 천체의 질량 같은 물리량을 알 수 있다. 연구팀은 중력 렌즈 효과로 발생한 아인슈타인 링을 정밀하게 분석한 후 렌즈 현상을 일으킨 바로 그 은하의 질량을 정밀하게 측정하는 데 성공한 것이다.

콜레트 박사 연구팀은 독립적인 관측으로 이 은하의 질량을 측정했다. 이 은하에 속한 별들의 속도 분산값을 측정하면 중력장의 크기를 알 수 있고 그로부터 은하의 질량을 구할 수 있다. 이렇게 구해진 질량은 눈에 보이는 별 같은 일반 물질뿐 아니라 중력에 관여하는 질량을 가진 모든 물체의 질량을 반영한다. 다시 말하자면 암흑 물질과 일반 물질의 양을 모두 합한 총 질량을 측정한다는 것이다.

연구팀은 이렇게 독립적으로 구한 이 은하의 역학적 질량을 중력 렌즈 효과로부터 구한 은하의 질량과 비교했다. 다른 방식으로 구한 은하의 두 질량값은 일치했다. 역학적으로 구한 은하의 질량이 맞는다면 일반 상대성 이론이 옳다는 것을 다시 한번 확인해 주는 셈이 된다. 두 방식으로 구한 질량이 일치한다는 것은 또 다른 의미를 내포하고 있다. 은하에 암흑 물질이 존재한다는 것을 지지하는 결과인 것이다.

암흑 물질의 존재에 대한 의문이 간혹 제기되기도 한다. 더 나아가서 물리 법칙의 수정까지 요구하는 가설이 회자되고 있다. 이번 관측 결과는 이런 접근보다는 기존의 암흑 물질을 바탕으로 한 접근에 조금 더 힘을 실어 주는 결과이다. 그동안 주로 태양계 크기 단위에서 정밀하게 검증되었던 아인슈타인의 일반 상대성 이론이 그 정밀한 검증의 장을 은하계 단위로 넓혔다는 데 이 연구의 의미가 있다. 어찌 되었든 이번에도 아인슈타인의 일반 상대성 이론은 검증을 통과했다. 일반 상대성 이론은 20세기를 넘어서 21세기에도 여전히 우리들의 중력 이론의 패러다임으로 남았다. 이번에도 아인슈타인이 옳았다.

✧ 중력파 천문학의 의미 ✧

2015년 9월 14일, 미국의 루이지애나주 리빙스턴과 워싱턴주 핸포드에 위치한 두 곳의 중력파 관측소에서 중력파가 검출되었다. 아인슈타인이 중력파의 존재를 예측한 지 100년 만의 일이었다. 일반 상대성 이론이 다시 한번 관측적 검증의 벽을 넘었다. 지난 100년 동안 일반 상대성 이론은 숱한 검증을 거쳤지만 여전히 흔들림 없이 건재하다. 이 발견을 가장 중요하고 위대한 과학적 발견 중 하나로 받아들여도 별문제가 없을 것 같다. 하지만 천문학자들은 어쩌면 이보다 더 의미가 있을지도 모르는 또 다른 발견에 주목하고 있었다.

중력파의 발견은 과학자들에게는 새로운 과학의 시대를 여는 신호탄이었다. 2016년 2월 11일 라이고 과학 협력단LIGO Scientific Collaboration, LSC은 '아인슈타인의 예측 이래 100년 만에 드디어 중력파 검출'이라는 제목의 보도 자료를 뿌렸다. '라이고 검출기가 충돌하는 두 블랙홀에서 방출된 중력파 관측으로 우주를 향한 새로운 창을 열다'라는 부제도 달았다. 영화 〈인터스텔라〉의 과학 자문을 맡은 뒤 유명해진 캘리포니아 공과대학교의 킵 손 교수는 "이 발견으로 우리 인류는 믿기 어려울 정도로 놀랍고 새로운 진리에 대한 탐구를 시작할 수 있게 되었다"고 말했다. 또 다른 중력파 연구 모임인 비르고VIRGO 연구단의 대변인인 풀리오 리치 교수도 "이번 발견은 물리학의 중요한 이정표가 될 사건"이라고 논평했다. 과학자들은 왜 중력파의 발견에 이토록 환호했을까.

물체가 존재하면 그것의 중력에 의해서 주변 시공간이 휘어진다는 것이 일반 상대성 이론의 핵심 내용 중 하나다. 우리 주변을 둘러싸고 있는 시공간이 변하지 않는 절대적인 존재가 아니라 사실은 어떤 물체에서 비롯된 중력에 의해 조건에 따라서 변형될 수 있다는 것이다. 이를테면 지구의 경우 지구의 질량 크기와 중력장에 의해서 그 주변 공간이 휘어진다. 내가 길 한복판에 서 있어도 내 주변 시공간이 나로 인해서 휘어지는 것이다. 물론 질량이 아주 작은 나 같은 존재 때문에 휘어지는 시공간을 눈으로 볼 수 있는 사람은 없다. 질량이 큰 별이나 은하 주변의 공간은 관측 가능할 정도로 휘어진다. 현대 천문학은 이런 모습을 지난 100년 동안 직접 관측해 왔다. 일반 상대성 이론은 자연 속에서의 검증이라는 혹독한 과정을 견뎌 온 것이다.

물체가 가속 운동을 하면 주변의 공간이 휘어질 뿐 아니라 중력에 의한 시공간의 파동이 생긴다. 중력파라고 부르는 이 시공간의 떨림은 빛의 속도로 사방으로 전파된다. 이 부분에서 조금 더 자세한 설명이 필요하다. 중력파가 퍼져 나간다고 말했지만 더 정확하게는 시공간 자체가 출렁거리면서 퍼져 나가는 것이라고 말할 수 있겠다. 가속 운동을 하는 어떤 물체에 의해서 휘어진 그 주변의 시공간의 출렁거림이 그 패턴대로 물결처럼 사방으로 퍼져 나간다. 이것이 중력파다. 중력파는 빛의 속도로 전파되는데 그 세기는 거리가 멀어질수록 약해진다. 그렇다면 물체가 존재하고 운동하는 곳에서는 반드시 중력파가 발생할 것이다. 그리고 그 중력파는 빛의 속도로 온 우주에 진파될 것이다. 지금 이 순간 지구를 스쳐 지나가는 숱한 중력파들이 있을 것이다. 지구 내부에서 시시각각 만들어지는 중력파들도 온 지구에 꽉 차 있을 것이다. 좀 더 정확하게는 지구의 시공간이 시시각각 늘었다 줄었다를 반복하고 있을 것이다.

지난 100년 동안 일반 상대성 이론의 예측들은 거의 모두 관측적으로 증명되었다. 마지막 남은 예측 중 하나가 중력파의 존재였다. 그런데 드디어 그 존재를 직접 관측한 것이다. 일반 상대성 이론의 관측적 완성이라고 불러도 별 무리가 없을 사건인 것이다. 그런데 왜 중력파를 검출하는 데 과학자들은 100년이라는 시간을 기다렸을까. 답은 의외로 간단하다. 중력파가 너무 미약해서 그것을 찾아낼 만한 감도를 지닌 관측 장비를 만들지 못했기 때문이다. 만약 중력파가 우리 눈에도 보일 만한 규모라면 이 세상은 혼돈에 빠질 것이다. 사람이 걸어가면 그 주변의 시공간이 그 사람의 움직임을 따라서 늘어났다 줄어들었다 하는 것이 보인다고 생각해 보라. 자동차가 지나가는데 그 주변 시공간이 커졌다 작아졌다 한다고 생각해 보라. 그리고 거기서 발생한 중력파가 나에게까지 전파되면서 내 주변 시공간 또한 커졌다 작아졌다 한다고 생각해 보라. 신나는 상상이지만 일상생활은 불가능할 것이다. 이처럼 지구에서 포착할 수 있는 중력파의 세기가 너무 작기 때문에 아인슈타인 자신조차도 중력파의 검출은 불가능할 것이라고 생각했다.

하지만 앞서 말했듯이 중력파의 존재는 100년 전에 아인슈타인에 의해서 이론적으로 제안되어 있었다. 킵 손을 비롯한 과학자들이 강한 중력파가 발생할 수 있는 천체 현상에 대한 연구를 많이 해 둔 덕분에 그런 현상을 지구에서 관측하기 위해서 어떤 감도와 정밀도를 갖고 있는 장비를 만들어야 하는지도 잘 알고 있었다. 문제는 이런 장비를 구현할 수 있는 기술력과 아이디어를 실현시킬 수 있는 돈이었다.

블랙홀과 블랙홀 같은 중력장이 강한 천체들 사이의 충돌 같은 현상에서 강력한 중력파가 발생해도 거리가 멀면 멀수록 그 세기가 작아질 것이다. 지구를 스쳐 지나가는 중력파를 포착할 만한 장비를 만드는 것이 관건이었다. 중력파를 직접 검출할 장비를 개발해서 관측을 시도한 1세대 과학자인 조지프 웨버는 자신이 중력파를 검출했다고 주장하기도 했다. 하지만 그의 관측 결과를 확증할 만한 증거가 부족했다. 정밀하고 안정성이 높은 중력파 관측 장비를 만들려는 노력은 계속되었고 그 중심에 레이저 간섭계 중력파 관측소, 라이고Laser Interferometer Gravitational-wave Observatory, LIGO가 있다.

2015년 9월 14일 미국 루이지애나주 리빙스턴과 워싱턴주 핸퍼드에 위치한 두 관측소에서 중력파가 검출되었다. 이 시스템의 업그레이드를 마친 후 가동한 첫 관측에서 얻은 놀라운 결과였다. 분석 결과 13억 광년 떨어진 곳에서 태양 질량의 36배와 29배인 두 블랙홀이 충돌하면서 발생한 중력파가 지구를 스쳐 지나가다가 이 관측 장비에 걸린 것이었다. 라이고는 미국과학재단의 지원을 받아서 건설한 중력파 관측소다. 성공 여부가 불투명한 이 프로젝트에 장기적으로 지원한 미국 과학계의 저력이 엿보인다. 강력한 중력파지만 13억 광년이라는 거리를 전파해 오면서 극히 약한 시공간의 변형을 일으키면서 두 관측소를 차례로 스쳐 지나간 중력파가 검출된 것이었다. 과학자들조차 의심의 눈길을 보냈다. 엄청나게 작은 시공간의 변화를 이 기기가 검출할 수 있는지에 대한 의구심이었다. 하지만 개선된 라이고 관측소는 발견 당시의 중력파를 충분히 검출할 수 있을 정도의 감도와 안정성을 갖췄다. 지구상의 다른 진동으로 생기는 파형과 관측소 자체에서 생기는 중력파를 제거할 수 있는 기술이 확보된 것으로 인정받고 있다. 가짜 신호를 걸러 낼 수 있는 내·

외부적 점검 시스템도 충실하게 가동되고 있다. 2016년 2월 11일에도 공식적인 발견을 알리기까지 검토에 검토를 거듭한 것으로 알려졌다. 무엇보다 두 곳의 LIGO를 스쳐 간 중력파가 예측한 시간대에 다른 관측소에서 검출되면서 관측 결과에 대한 신뢰도를 높였다. 1천 명이 넘는 과학자와 엔지니어 들이 중력파 검출에 나서고 있다는 점도 신뢰성을 높이고 있다. 중력파의 발견은 과학재단의 장기적인 비전과 과학자들의 협업, 그리고 그 열정을 뒷받침하는 기술력과 검증 시스템이 종합적이고 유기적으로 가동한 결과물이었다.

약 13억 광년 떨어져 있는 곳에서 태양 질량의 각각 36배, 29배나 되는 거대한 두 블랙홀이 충돌하여 발생한 중력파가 13억 광년의 거리를 날아와서 지구를 스쳐 지나가다 이 관측 장비에 포착되었다. 블랙홀을 직접 확인한 첫 관측 자료였다. 블랙홀의 존재를 사상 최초로 직접 관측한 것이다. 그동안 여러 종류의 블랙홀이 관측되었지만 대부분 간접적인 방법으로 그 존재를 추정했다. 블랙홀의 충돌이라는 직접적인 사건을 통해 발생한 중력파로 블랙홀을 '직접' 관측한 것은 중력파 천문학의 시대를 여는 쾌거였고 블랙홀 관측 천문학의 태동을 알리는 것이기도 했다.

블랙홀이란 일상의 언어로 말하면 표면 중력이 강해서 탈출 속도가 빛보다 큰 천체를 말한다. 우주에서 제일 빠른 정보 전달 수단이 빛인데, 탈출 속도가 빛보다 빠르다면 어떤 일이 일어날까. 그 천체에서 출발한 빛은 빠져나가지 못하고 다시 그 천체로 돌아오고야 말 것이다. 왜냐하면 문자 그대로 빛의 속도가 탈출 속도보다 작으니까. 따라서 이 천체로부터 어떤 것도 빠져나올 수 없게 된다. 빛조차도 말이다. 이런 천체를 블랙홀이라고 한다. 블랙홀은 중력이 엄청나게 강하기 때문에 주변의 물질을 끌어당긴다. 한번 블랙홀로 빨려 들어간 물질은 다시는 블랙홀 밖으로 나오지 못한다. 일반 상대성 이론의 관점으로 보면 블랙홀은 강한 중력장으로 주변 시공간을 강하게 휘어 놓는다. 블랙홀 주변은 가파른 곡률을 가진 시공간이 될 것이고 그 주변의 물체는 이 가파른 곡률을 따라서 블랙홀로 굴러떨어질 것이다. 당연히 한번 블랙홀로 굴러떨어진 물체는 절대로 밖으로 빠져나올 수 없다.

블랙홀은 얼마나 클까, 이런 질문을 자주 받는다. 답부터 말하자면 아주 작은 것부터 아주 큰 것까지 다양하다. 중력파 신호를 통해 발견된 블랙홀의 질량은 각각 태양 질량의 29배와 36배였다. 이들이 충돌한 후에는 태양 질량의 62배가 되는 블랙홀이 되었다. 블랙홀의 존재를 직접 확인한 것도 수확이지만 두 개의 블랙홀이 합쳐져서 더 무거운 블랙홀을 형성하는 과정을 목격한 것도 큰 행운이다. 더 무거운 블랙홀이 생성되는 천체 물리학적 원인을 알게 된 것이다. 블랙홀의 크기를 이야기할 때 흔히 '슈바르츠실트 반지름'을 사용한다. 어떤 물체가 블랙홀이 되기 위해서 필요한 반지름 한계이다. 탈출 속도가 빛의 속도와 같아지는 지역을 '사건의 지평'이라고 한다. 탈출 속도란 천체의 인력

力에서 벗어나 무한히 먼 곳까지 갈 수 있는 최소 속도를 의미한다. 사건의 지평 크기의 반이 바로 슈바르츠실트 반지름이다. 보통 이 크기로 블랙홀의 크기를 이야기한다. 그런데 슈바르츠실트 반지름은 블랙홀의 질량과 비례한다. 그래서 보통 블랙홀의 크기를 말할 때 블랙홀의 질량을 이야기하곤 한다. 천체의 물리적 성질을 기술할 때 질량으로 비교하는 것이 더 편하기 때문이기도 하다. '블랙홀은 크면 클수록 질량이 크다'라고 하면 된다.

블랙홀이라고 할 때 일반인들이 흔히 떠올리는 것은 '항성 질량 블랙홀'이다. 보통 태양보다 아주 무거운 별이 일생을 모두 마치고 중력 붕괴를 하면서 죽어 갈 때 생기는 블랙홀을 말한다. 별의 진화 이론과 관측을 통해 이런 항성 질량 블랙홀의 생성에 대한 과정은 비교적 잘 알려져 있다. 감마선 폭발이나 초신성 폭발 현상을 통해 그 존재를 확인할 수 있다. 2007년에는 태양 질량의 15배에 이르는 블랙홀의 존재가 알려지기도 했다. 'IC 10 X-1'은 태양 질량의 23~34배 정도 되는 것으로 보고된 바 있다. 중력파 관측을 통해 알려진 충돌 전 두 블랙홀의 질량과 비슷하다. 충돌 후 형성된 블랙홀의 질량이 태양 질량의 62배 정도로 추정되고 있으니 'IC 10 X-1'은 한동안 지니고 있던 항성 질량 블랙홀 중 가장 무겁다는 명예를 내려놓아야 할지도 모른다.

알려진 항성 질량 블랙홀의 수는 꽤 많다. 대부분 다른 별과 쌍성을 이루고 있는 경우다. 사실 블랙홀이 혼자 존재하거나 블랙홀끼리 존재한다면 중력파를 제외하고는 직접 관측할 방법이 없다. 동반성(쌍성 중 무겁고 밝은 주성 옆에 보이는 가볍고 어두운 별)을 갖고 있는 경우에는 그 동반성에서 블랙홀로 물질이 유입되는 과정에서 발생하는 빛으로 블랙홀의 존재를 알 수 있다. 상대성 이론에 의하면 블랙홀은 사실 어떤 질량으로도 존재할 수 있다. 질량이 작아도 블랙홀이 될 만큼 밀도가 높으면 그냥 블랙홀이 되는 것이다. 이론상으로는 태양 질량보다 몇 배 더 작은 블랙홀도 우주 공간에서 생성될 수 있다. 하지만 아직 그런 블랙홀이 발견된 적은 없다.

항성 질량 블랙홀은 보통 태양 질량보다 아주 무거운 별들이 일생을 마치면서 중력 붕괴 과정으로 형성되는 것으로 알려져 있다. 물론 태양 질량보다 작은 블랙홀이 우주 초기에 생성되었을 가능성을 완전히 배제하지는 못한다. 이런 블랙홀은 우주 초기에 형성되었다는 의미에서 원시 블랙홀이라고도 한다. 엄밀한 분류는 아니다. 한편 이론적으로는 마이크로 블랙홀도 있을 수 있다. 슈바르츠실트 반지름이 양자 크기로 아주 작은 블랙홀을 상상할 수 있다. 크기가 이처럼 극단적으로 작은 블랙홀을 생성하는 자연 현상은 알려져 있지 않다. 따라서 실제로 존재하지는 않을 것으로 추측하고 있다. 하지만 빅뱅 직후의 초기 우주가 고에너지 및 고밀도 상태였던 점을 감안하면 그 상황에서 마이크로 블랙홀이 생성되었을 가능성을 배제하기는 어렵다. 우주의 초기 상태를 재현하는 강입자 가속기 실험을 통해서도 순간적으로 마이크로 블랙홀이 생성될 수 있는 가능성을 주장하는 과학자들도 있다.

또 다른 유형의 블랙홀은 '초거대 질량 블랙홀'이다. 보통 은하의 중심부에 자리 잡고 있는데 태양 질량의 수십만 배에서 수십억 배에 이른다. 흔히 퀘이사라고 부르는 천체의 정체가 사실은 초거대 블랙홀인 경우가 많다. 우리 은하도 중심부에 태양 질량의 400만 배가 넘는 초거대 질량 블랙홀을 갖고 있다. 초거대 질량 블랙홀의 형성에 대해서는 여전히 그 메커니즘은 잘 알려져 있지 않다. 보통 태양보다 아주 무거운 별들의 폭발로부터 태양 질량의 수십~수천 배의 블랙홀이 형성된 후 강착 과정, 즉 중력 작용으로 가스 등의 물질을 흡수하여 원반 형태가 되면서 초거대 블랙홀이 성장했을 것이라고 설명한다.

다른 설명은 최초의 별이 형성되기 전에 거대 가스 구름이 중력 붕괴를 해서 태양 질량의 20배에 달하는 블랙홀을 형성했고 그 직후 빠른 강착 과정으로 상대적으로 빨리 중간 질량 블랙홀이 되었다는 것이다. 어쨌든 초거대 질량 블랙홀은 은하 형성 초기에 가스들의 활발한 강착과 블랙홀들 사이의 잦은 충돌·병합으로 생성되어 성장해 왔다고 알려져 있다. 대부분 은하의 중심부에서 초거대 질량 블랙홀이 발견된다. 블랙홀의 질량과 블랙홀이 속한 모은하와의 질량 연관성도 밝혀지기 시작하면서 은하의 형성과 초거대 질량 블랙홀의 관계에 관심이 집중되고 있기도 하다.

그동안 관측된 블랙홀의 크기, 즉 질량 분포를 보면 재미있는 현상이 있었다. 질량 분포에서 중간 질량을 갖는 블랙홀이 상대적으로 작게 나타난 것이었다. 별의 일생 중 마지막 단계에서 중력 붕괴로 생성되는 항성 질량 블랙홀은 그 질량 범위가 태양 질량의 수십 배 정도이다. 중력파를 통해 밝혀진 두 개의 블랙홀 병합이 보편적인 현상이라면 태양 질량의 수십 배뿐 아니라 수백 배 큰 블랙홀의 존재를 추론할 수 있을 것이다. 하지만 가장 작은 초거대 질량 블랙홀도 태양 질량의 수십만 배의 질량을 갖는다. 이 두 종류의 블랙홀이 질적으로 다른 형성 과정을 거친다는 점을 추론할 수 있다. 따라서 중간 질량 블랙홀에 대한 연구가 블랙홀의 생성에 대한 거시적인 고리를 연결시켜 주는 중요한 역할을 할 것으로 기대된다.

중간 질량 블랙홀의 존재도 조금씩 드러나고 있다. 2004년에 태양 질량의 1300배 정도 되는 중간 질량 블랙홀이 발견된 적이 있다. 가까운 은하에서 발견되는 '초발광 엑스레이 소스'도 태양 질량의 수백~수천 배 정도의 질량을 가진 중간 질량 블랙홀이 아닌지 추측하고 있다. 이 천체는 항성이 활발하게 생성되는 지역에서 주로 관찰되고 있다. 겉보기에는 이들 지역 내의 젊은 성단들과 연결되어 있는 것으로 추정된다. 하지만 중간 질량 블랙홀이 어떻게 생성되었는지 아직 명확한 설명을 하지 못하고 있다. 항성 질량 블랙홀들끼리 또는 다른 천체와 충돌한 뒤 합쳐져 생성되었다는 주장과 두 성단 내의 거대한 항성들이 충돌하고 중력 붕괴하면서 중간 질량 블랙홀이 되었다는 주장이 팽팽하게 맞서고 있다.

중력파 검출은 현대 물리학이 축배를 들어 마땅한 쾌거였다. 그 신호의 검출로부터 비로소 시작된 중력파 천문학의 핵심 타깃 중 하나는 블랙홀이다. 간접적인 관측 증거를 바탕으로 근근이 연구를 이어 오던 블랙홀 연구계에 큰 빛이 내린 셈이다. 항성 질량 블랙홀과 거대 질량 블랙홀의 양 진영으로 나뉘어 연구되던 블랙홀 연구가 중간 질량 블랙홀 연구를 포괄하고 블랙홀의 생성과 특징에 대한 통합적인 비전을 제시할 수 있는 시대로 들어서고 있다. 전자기파에 더해서 중력파를 도구로 사용하면서 블랙홀도 오랫동안 숨겨 두었던 자신의 비밀을 우리들에게 노출하기 시작했다. 21세기는 블랙홀 연구의 시대가 될 것이다.

실제로 중력파를 통한 블랙홀 연구는 한 단계씩 도약하고 있다. 2020년 9월 과학 저널 〈피지컬 리뷰〉의 레터스 코너에 'GW 190521: 총 질량이 150M인 바이너리 블랙홀 합체'라는 흥미로운 논문이 하나 실렸다.[14] 라이고와 비르고 연합 연구팀이 GW190521이라는 새로운 중력파를 포착했는데 태양 질량보다 85배 큰 블랙홀과 66배 큰 블랙홀이 서로 충돌하면서 중력파를 발생시켰고 두 블랙홀은 하나로 합쳐져서 태양 질량의 142배나 되는 중간 질량 블랙홀이 되었다는 것이다. 첫 중력파 발견 이후 블랙홀 충돌과 중성자별 충돌로 인한 중력파가 계속 검출되고 있지만 이번 발견은 몇 가지 큰 의미를 갖고 있다. 항성 진화 이론에 따르면 태양 질량보다 65배 이상 큰 블랙홀은 별로부터 생성될 수가 없다. 그 질량을 넘어서는 중간 크기의 질량을 갖는 블랙홀에 대해서 여러 가지 추론들이 있었다. 이번에 발견된 블랙홀들은 그 질량을 넘어선다. 작은 질량의 블랙홀이 생성된 후 이들이 충돌을 통해서 더 큰 하나의 블랙홀이 된다는 이론을 지지하는 관측 결과인 것이다. 중간 크기의 블랙홀 생성 과정에 대해서 의미 있는 설명이 된 셈이다.

2017년 노벨 물리학상은 블랙홀 충돌에 의한 중력파 발견에 기여한 라이너 바이스, 배리 배리시, 그리고 킵 손에게 돌아갔다. 2020년 노벨 물리학상도 블랙홀 연구에 주어졌다. 블랙홀의 특이점 연구로 유명한 로저 펜로즈와 우리 은하 중심의 거대 질량 블랙홀을 연구한 안드레아 게즈와 라인하르트 겐첼이 그 주인공이다.

5장

망원경과 탐사 시대

✧ 허블 상수 전쟁과 우주 망원경 ✧

멀리 있는 은하일수록 우리로부터 더 빨리 후퇴한다. 이 비례 관계가 허블-르메트르의 법칙이다. 허블 상수는 우주가 얼마나 빨리 팽창하는지 보여 주는 우주론의 가장 중요한 숫자 중 하나다. 허블 상수를 정확하게 알기 위해서는 은하까지의 거리와 은하의 후퇴 속도를 정확하게 알아야 한다. 허블 우주 망원경은 우주 팽창률을 정밀하게 관측하겠다는 과학자들의 강한 의지로 쏘아 올려졌다. 이후 은하의 후퇴 속도는 아주 정밀하게 측정되고 있다. 오차 범위를 좁히는 측정값으로 우리는 우주 나이와 우주 크기를 정확하게 알 수 있을까.

"은하까지의 거리를 구하는 것은 정말 지난하고 힘든 작업입니다. 조만간 발사될 허블 우주 망원경이 이 문제를 해결할 수 있을 것이라 생각합니다."

미국의 천문학자였던 마크 에어론슨이 1985년 어느 상을 받는 자리에서 한 말이다. 은하까지의 거리를 정확하게 구하는 것이 당시 관측 우주론 학자들의 숙원 사업 중 하나였다. 은하까지의 거리를 정확하게 알아야 은하의 진짜 물리량을 알 수 있기 때문이다. 기준이 되는 은하들까지의 거리를 정확하게 알면 그것을 바탕으로 여러 가지 중요한 천문학적인 값들을 결정할 수 있다. 한쪽 축을 은하들까지의 거리로 잡고 다른 축을 그 은하들의 후퇴 속도로 잡은 다음 그 값들을 찍어 보면 전체적으로 비례하는 경향을 보인다. 멀리 있는 은하일수록 우리로부터 더 빨리 후퇴한다. 앞서 언급했듯이 이 비례 관계를 허블-르메트르의 법칙이라고 한다.

　1929년 에드윈 허블이 가까운 은하들까지의 거리를 측정하고 그 은하들의 후퇴 속도를 관측해서 그림을 그려 보니 비례 관계가 발견되었다. 우주 공간이 팽창하고 있다는 것이 관측적으로 처음 밝혀진 것이다. 이 비례 관계의 기울기, 허블 상수의 물리적 의미는 단위 거리당 팽창 속도로 이해하면 된다. 일종의 공간 팽창률이다. 허블 상수는 우주가 얼마나 빨리 팽창하는지 보여 주는 우주론의 가장 중요한 숫자 중 하나다. 허블 상수를 정확하게 알려면 지구에서 은하까지의 거리와 은하의 후퇴 속도를 정확하게 알아야 한다. 은하의 후퇴 속도는 관측을 통해서 아주 정밀하게 측정하고 있다. 허블 상수의 정확도를 가늠하는 것은 늘 은하까지의 거리였다. 에어론슨은 은하까지의 거리를 정밀하게 측정하는 것이 허블 상수를 결정하고 더 나아가서 우주론의 요소들을 결정하는 데 얼마나 중요한지 잘 파악하고 있었다. 우주 공간에 설치될 허블 우주 망원경이 은하까지의 거리를 정밀하게 측정하는 데 큰 기여를 할 것이라 기대했다.

하지만 에어론슨은 1990년에 발사된 허블 우주 망원경의 활약을 보지 못하고 이른 나이에 세상을 떠났다. 미국 애리조나주에 있는 키트 피크 국립 천문대의 4미터짜리 메이올 망원경으로 관측을 하던 도중 관측 돔의 오작동으로 몸이 끼어 처참하게 죽은 것이다. 1987년의 일이었다. 그가 죽은 지 10년쯤 지나 메이올 천문대를 방문할 기회가 있었는데 사고가 났던 부분은 수리되어 있었지만 그 비극적 풍문은 여전히 천문대를 맴돌고 있었다. 에어론슨은 새로운 관측으로 은하들까지의 거리를 정밀하게 측정해 더 정밀한 허블 상수를 결정하려는 젊은 천문학자들의 선두 주자였다.

세상을 떠난 에어론슨과 많은 천문학자들의 염원을 담은 허블 우주 망원경은 1990년에 발사되었다. 처음에는 반사경과 렌즈 등으로 구성된 광학계에 문제가 생겨 제 기능을 발휘하지 못했지만 여러 차례의 수리와 보완을 거쳐서 명기로 거듭났다. 기대 수명을 훌쩍 넘긴 지금까지도 맹활약하고 있다. 허블 우주 망원경에 '허블'의 이름이 들어간 데는 이 망원경을 통해서 허블 상수를 정밀하게 관측하겠다는 천문학자들의 의지와 바람도 담겨 있다. 허블 우주 망원경의 핵심 프로젝트 중 하나로 가까운

Rogelio Bernal Andreo
www.DeepSkyColors.com
Data: NASA/ESA/Hubble

세페이드 변광성. 변광성은 시간에 따라서 밝기가 변하는 별이다.
규칙적으로 최고의 밝기를 나타낸 후
서서히 어두워져 최소 밝기를 나타내는 형태를 가진다.

은하들까지의 거리를 구하기가 포함된 것은 어찌 보면 당연한 일이다.

허블 우주 망원경 핵심 프로젝트 팀은 가까운 나선 은하들로부터 처녀자리 은하단의 나선 은하들까지의 거리를 구하는 작업을 수행했다. 은하들까지의 거리를 구하는 도구로는 세페이드 변광성의 주기와 광도의 비례 관계를 사용했다. 별빛이 주기적으로 변하는 별을 변광성이라고 한다. 빛이 변하는 주기는 거리와 상관없는 값이지만 별의 밝기는 거리가 멀어지면 더 어둡게 보인다. 세페이드 변광성은 빛이 변하는 주기와 그 별의 최대 밝기 사이에 비례 관계가 있다. 이미 거리가 잘 알려진 우리 은하 안의 세페이드 변광성들에서 거리-주기 관계식을 찾아낸 다음 다른 은하에서 발견된 세페이드 변광성의 겉보기 밝기와 주기를 대입시키면 해당 은하까지의 거리를 구할 수 있다. 같은 주기를 갖는 다른 은하 안의 세페이드 변광성과 우리 은하 안의 세페이드 변광성의 밝기 차이가 바로 그 은하까지의 거리를 나타내는 지표가 된다.

에어론슨과 많은 천문학자들이 기대한 대로 허블 우주 망원경을 사용한 허블 상수 결정 프로젝트는 성공적이었다. 기준이 되는 가까운 은하들 안의 세페이드 변광성을 관측해서 이 은하들까지의 거리를 정밀하게 측정할 수 있었다. 좀 더 멀리 있는 처녀자리 은하단에 속한 나선 은하들에서도 세페이드 변광성이 발견되었고 이를 바탕으로 은하들까지의 거리를 구할 수 있었다. 당시로서는 가장 정밀한 은하까지의 거리를 바탕으로 허블 상수를 결정할 수 있었다.

웬디 프리드먼을 비롯한 허블 우주 망원경 핵심 프로젝트 팀은 2001년 〈천체 물리학 저널〉에 '허블 상수 결정을 위한 허블 우주 망원경 핵심 프로젝트의 최종 결과'라는 논문을 발표했다.[15] 허블 우주 망원경을 사용한 관측의 공식적인 결과 발표였다. 허블 상수는 72km/s/Mpc로 결정되었다. 이 값의 오차 범위는 10퍼센트 정도였다. 허블 상수를 10퍼센트 오차 범위로 결정했다는 것은 충격적인 사건이었다. 허블 상수는 우주가 얼마나 빨리 팽창하는지 알려 주며 허블 상수의 역수 단위는 시간의 단위가 된다. 팽창을 시작한 이후 현재까지 걸린 시간이다. 즉 현재 우주의 나이를 보여 주는 값이다. 이 값에 빛의 속도를 곱하면 관측 가능한 우주의 크기를 가늠할 수도 있다. 따라서 허블 상수는 우주의 나이와 크기를 정량적으로 가늠할 수 있는 아주 중요한 요소이다. 이런 허블 상수를 10퍼센트 오차 범위 내에서 결정했다는 것은 우주의 나이와 크기에 대해서 높은 정밀도로 말할 수 있다는 것을 의미한다. 허블 우주 망원경 핵심 프로젝트 팀의 관측 결과가 혁명적인 이유가 바로 여기에 있다. 이 팀의 허블 상수 값이 나오기 전에는 허블 상수 값을 50 근처로 주장하는 연구팀과 100 근처로 주장하는 연구팀이 팽팽하게 맞서는 형국이었다.

물론 75 근처를 주장하는 연구팀도 있었지만 이 프로젝트

팀의 결정적 관측은 50과 100 사이로 퍼져 있던 허블 상수를 70 근처로 수렴시켰다. 따라서 다른 우주론적 요소들의 오차 범위도 몇십 퍼센트 내로 줄었다. 모든 것이 해결된 것처럼 보였다. 허블 상수의 오차 범위를 한 자릿수 내로 더 줄이기만 하면 우주론의 여러 문제들도 해결될 것이라는 기대감이 높아지기도 했다.

그런데 16년이 지나 2017년, 허블 우주 망원경 핵심 프로젝트를 주도했던 웬디 프리드먼이 흥미로운 논문을 〈네이처 천문학〉에 발표했다. '교차로에 선 우주론: 허블 상수를 둘러싼 긴장'이라는 논쟁적인 제목이었다.[16] 2001년에 허블 상수 논쟁은 종지부를 찍은 것 같은데 그사이 무슨 문제가 생긴 것일까. 2001년 이후 천문학자들은 허블 상수의 오차 범위를 줄이기 위해서 은하까지의 거리를 구하는 도구의 정밀도를 높이고 다양한 천체의 물리적 성질을 거리 측정 도구로 사용하는 거리 지수를 개발해서 서로 교차 확인을 해 왔다. 세페이드 변광성뿐 아니라 보다 확실한 물리적 이론을 바탕으로 적색 거성 단계의 별들의 밝기를 거리 지수에 활용하는 방법도 사용해 왔다. 대폭발로 마지막을 맞이하며 큰 빛을 발산하는 초신성 중에서도 제Ia형 초신성의 밝기와 광도 곡선을 사용한 거리 지수도 폭넓게 활용되었다. 더 정밀해진 서로 다른 거리 지수의 사용을 통한 교차 확인 과정과 더 많은 데이터의 활용은 허블 상수의 오차 범위를 현격하게 줄이는 데 크게 기여했다. 가까운 은하를 바탕으로 한 허블 상수 측정값은 2001년 이후 72 근처로 수렴되고 있는 것처럼 보였다.

허블 우주 망원경.
1990년에 발사된 이후 우주 비행사들의 몇 차례 보수가 있었다.

다른 한편 독립적인 허블 상수 측정도 활발하게 이루어졌다. 2000년대 들어서 WMAP이나 플랑크 우주 망원경을 사용해서 초기 우주의 우주배경복사 관측 결과로부터 허블 상수를 비롯한 다른 우주론적인 요소들을 결정해 왔다. 관측 결과를 우주 상수가 존재하는 차가운 암흑 물질 우주 모형과 아울러서 분석한 결과 허블 상수 값이 허블 우주 망원경 핵심 프로젝트에서 제시한 값 72보다 약간 작게 나오는 경향이 있었지만 오차 범위 안에서 일치하는 것으로 나타났다. 우주론의 오랜 문제가 독립적인 검증까지 마치고 해결되는 것처럼 보였다. WMAP와 플랑크 우주 망원경으로부터 추정한 허블 상수 값은 67과 68 근처로 수렴해 가고 있었고 이 값이 갖는 오차 범위도 점점 줄어만 갔다. 그런데 2010년대 중반 이후 허블 상수를 계산하는 양측의 관측과 분석이 더 정밀해지면서 오히려 문제가 불거지기 시작했다.

허블 상수 값 72의 오차 범위를 계산해도 또 다른 수렴 값인 68과 겹치지 않게 되었다. 각각의 허블 상수 오차 범위가 너무 작아서 통계적으로 의미가 있는 범위까지 고려하더라도 양측의 허블 상수 72와 68이 오차 범위 내에서 겹치지 않게 된 것이다. 각각의 정밀도가 높아져서 변별력이 생기면서 양측이 제시한 허블 상수 값이 각각 양립하는 형국이 되었다. 어느 한쪽이 틀렸거나 둘 다 틀렸을 것이다. 쉽게 생각할 수 있는 원인은 우리가 아직 모르고 있는 오차 요인이 있을 수 있다는 것이다. 또는 늘 그랬듯이 우리가 아직 알지 못하는 새로운 물리가 작동하고 있을

지도 모른다. 숨어 있을지도 모르는 오차 요인이 무엇인지 새로운 물리 현상의 후보가 어떤 것일지 천문학자들 사이에서 의견이 분분하다. 새로운 입자의 가능성도 제기되고 있다. 각각의 관측과 분석이 정밀해지면서 그 민낯을 드러내기 시작한 허블 상수를 보니 다시 기분이 설렌다. 모든 것이 해결된 것 같던 바로 그 순간 다시 찾아온 허블 상수의 미스터리. 이 문제를 천문학자들이 어떻게 해결해 나갈지 앞으로의 10년이 기대된다. 2021년 12월 25일에 발사된 제임스웹 우주 망원경 같은 차세대 우주 망원경과 차세대 우주배경복사 관측 기기에 거는 기대가 크다. 그들은 또 어떤 이야기를 우리에게 들려 줄까.

2019년과 2020년에도 허블 상수를 측정한 논문들이 계속 발표되고 있다. 이 글을 쓰는 시기에 영문판 위키피디아 'Hubble's law'의 허블 상수 논문 목록에 올라와 있는 11편의 논문에서 측정한 허블 상수값을 살펴보면 요즘 흐름을 살펴볼 수 있다. 가장 작은 값은 67.78이었고 가장 큰 값은 76.8이었다. 단순하게 평균을 내 보면 허블 상수는 72가 된다. 허블 우주 망원경 팀이 제시한 값과 크게 다르지 않다. WMAP와 플랑크 관측 위성이 제시한 허블 상수도 이 범위에 속한다. 문제는 측정값의 오차가 점점 줄어들면서 각기 다른 방식으로 측정한 허블 상수가 오차 범위 내에서 일치하지 않는 일이었다. 허블 상수 전쟁은 여전히 현재 진행형이다.

✧ 오르트 구름과 오우무아무아 ✧

태양계 끝자락에 위치하고 있을 공처럼 둥근 얼음 알갱이 집단을 '오르트 구름'이라고 부른다. 오르트 구름은 사실상 태양계의 끝이다. 수많은 얼음 알갱이들이 태양계의 중력에 느슨하게 묶여 있다. 우리가 속한 태양계 근처를 지나가는 다른 태양계가 있다면 오르트 구름에 속한 천체들은 쉽게 영향을 받을 수 있다. 이 과정에서 많은 오르트 구름 천체들이 태양계를 이탈할 수 있다. 태양계는 우리 은하의 중심을 공전하고 있는데 위치상 우리 은하 외곽에 있으며, 은하의 나선팔과 나선팔 사이를 통과하고 있다. 별들이 상대적으로 많이 모여 있는 나선팔 지역을 태양계가 통과한다고 생각해 보자. 별들 사이가 가까워지면 태양계의 외곽을 둘러싸고 있는 오르트 구름은 어떻게 될까?

지금은 우리나라를 출발하는 비행기가 중국이나 러시아 상공을 지나갈 수 있기 때문에 열 시간 내외면 유럽에 갈 수 있지만 내가 유학을 가던 시절에는 상황이 달랐다. 미국 알래스카주를 거쳐서 네덜란드 암스테르담에 도착하기까지 거의 하루가 걸렸다. 당시 공부할 학교로 가기 전에 레이덴 대학교에 있던 선배의 집에 며칠 머물게 되었다. 도착한 첫날 레이덴 대학교의 천문학과를 방문했다. 학교 식당에서 밥을 먹고 있는데, 나이가 지긋한 할아버지가 우리 옆 테이블에 앉았다. 선배는 그 사람이 천문학자 얀 오르트라고 귀띔했다. 오르트는 당시 아흔 살이었지만 매일 학교에 나와서 연구 활동을 하고 있었다. 유학 첫날부터 교과서 여러 곳에 이름을 올린 전설적인 천문학자를 바로 옆에서 보는 행운을 누렸다. 나중에 알고 보니 오르트는 내 지도 교수의 지도 교수의 지도 교수였다. 오르트는 천문학에서 선구적인 업적을 많이 남겼다. 그중에는 장주기 혜성의 기원을 밝힌 것도 있다. 장주기 혜성이란 태양 둘레를 한 바퀴 도는 공전 주기가 200년 이상이 걸리는 혜성을 말한다.

1950년 무렵 오르트는 장주기 혜성들의 궤도를 분석해서 이들이 태양계 바깥을 구형으로 둘러싸고 있는 얼음 알갱이들 집단에서 온다는 이론을 내놓았다. 태양계 끝자락에 위치하고 있을 둥근 얼음 알갱이 집단을 '오르트 구름'이라고 부른다. 오르트 구름은 아직 그 실체가 직접 확인된 적은 없다. 오르트 구름이 태양으로부터 5만 AU에서 20만 AU 정도 떨어진 거리에 위치할 것으로 추정되기 때문이다. AU(Astronomical Unit)는 지구와 태양 사이 평균 거리를 1로 하는, 천문학에서 사용하는 거리 단위다. 오르트 구름까지의 거리는 지구와 태양 사이 거리의 5만 배에서 20만 배에 달하는 엄청나게 먼 곳이다. 빛도 0.8년에서 3.2년이 걸려야 도달한다.

하지만 얀 오르트는 장주기 혜성들의 궤도를 분석해서 오르트 구름이라고 불리는 천체들의 집단이 존재해야만 한다는 것을 보여 줬다. 오르트 구름은 원반 모양으로 형성된 내부 오르트 구름과 공처럼 둥근 모양으로 태양계를 감싸고 있는 외부 오르트 구름으로 나뉜다고 추정된다. 오르트 구름에 속한 수많은 얼음 알갱이들은 태양계 형성 초기에 태양계 바깥으로 밀려나서 외곽에 모여 있는 것으로 여겨진다. 주기가 짧은 혜성은 주로 해왕성 궤도 근처, 카이퍼 벨트에 원반형으로 모여 있는 천체(카이퍼 벨트 천체)들이 그 기원이라고 알려져 있다. 주기가 길고 포물선 궤도를 도는 장주기 혜성이 바로 오르트 구름에서 오는 거라고 생각된다. 오르트 구름은 태양계가 형성되던 초기에 목성 같은 거대 기체 행성의 중력 영향으로 작은 얼음 알갱이들이 외곽으로 밀려나서 형성된 것으로 추정된다.

오르트 구름은 사실상 태양계의 끝이라고 할 수 있다. 수많은 얼음 알갱이들이 멀리 떨어진 태양의 중력에 느슨하게 묶여 있는 상황이다. 태양계 근처를 지나가는 다른 태양계가 있다면 오르트 구름에 속한 천체들은 쉽게 영향을 받을 수 있다. 이 과정에서 많은 오르트 구름 천체들이 태양계를 이탈할 수 있다. 실제로 태양계는 우리 은하의 중심을 공전하고 있다. 우리 은하는 막대 나선 은하인데 태양계는 현재 우리 은하 외곽에 위치하고 있고, 나선팔과 나선팔 사이를 통과하고 있다. 별들이 상대적으로 많이 모여 있는 나선팔 지역을 태양계가 통과한다고 생각해 보자. 별들 사이의 거리가 더 가까워지면 태양계의 외곽을 둘러싸고 있는 오르트 구름도 중력의 영향, 즉 섭동을 받을 것이다. 그 과정에서 오르트 구름의 천체들이 태양계를 벗어나서 성간 interstellar으로 날아갈 것이다. 오르트 구름의 형성에 대한 최근의 연구 결과를 보면 오르트 구름에 남아 있는 천체들보다 훨씬 더 많은 천체가 별과 별 사이의 공간, 즉 성간으로 날아갔을 것이라고 한다. 심지어는 90~99퍼센트의 오르트 구름 천체들이 성간으로 이탈했을 가능성을 보여 주는 컴퓨터 시뮬레이션도 있다. 오르트 구름이 아직 직접 관측된 적이 없기 때문에 가정을 바탕으로 한 추정치를 그대로 받아들이기는 힘들다. 하지만 오르트 구름의 많은 천체들이 성간으로 날아갔을 것이라는 데는 쉽게 동의할 수 있다.

　오르트 구름의 천체들이 태양계를 벗어나서 성간을 떠돌다가 다른 태양계를 통과하는 상황도 생각해 볼 수 있다. 태양계로부터 출발한 천체이니 다른 태양계를 통과하고 있다고 하더라도 태양계 천체라고 불러야 할 것이다. 다른 태양계의 외계인 천문학자들 입장에서 보면 이상한 현상이 나타날 것이다. 자신이 속한 태양계의 모든 천체들은 그 태양계 중력의 영향으로 중심에 위치한 별 주위를 주기적으로 공전할 것이다. 공전 속도와 주기는 그 태양계의 중력장을 파악하고 있다면 쉽게 계산하고 관측을 통해 확인할 수 있다. 그런데 어떤 천체가 이런 공식에 맞지 않는 궤도로 날아가고 있다면 외계인 천문학자들은 이 천체를 그들의 태양계의 바깥에서 왔다고 의심할 것이다. 이처럼 우리 태양계의 오르트 구름에서 출발한 천체 중 일부는 여전히 성간을 떠돌고 있을 것이다. 혹은 다른 태양계를 통과하고 있거나 통과한 후 다시 성간을 떠돌고 있을 것이다. 일부는 다른 태양계의 거대 기체 행성에 붙잡혀서 그들의 위성이 되었을 수도 있다. 그런 경우에도 공전 궤도의 방향이나 자전 방향이 상이하게 자리 잡고 있을 가능성이 크다.

마찬가지로 다른 태양계에도 오르트 구름 같은 천체들이 존재한다고 생각해 보자. 태양계 같은 행성계의 형성이 특별한 현상이라기보다 보편적인 현상이라면 많은 다른 태양계의 외곽도 오르트 구름같이 형성되어 있을 것이다. 이들도 자신이 속한 태양계 주위 다른 태양계의 섭동에 의해서 많은 천체들을 성간으로 배출할 것이다. 그들 중 일부가 태양계로 유입되었다고 해도 이상할 것이 없다. 실제로 맥홀츠 1 혜성이나 하쿠다케 혜성 같은 천체들은 다른 태양계에서 우리 태양계로 들어왔다가 태양의 중력에 잡혀서 주기적으로 태양 주위를 도는 혜성이 된 건 아닌지 의심받고 있다. 이 혜성들을 구성하는 화학적 조성은 태양계 내 천체들과 많이 다르다.

그렇다면 이 순간에도 다른 태양계로부터 유입된 수많은 천체들이 우리 태양계 안을 돌아다니고 있을 것이다. 하와이 대학교의 캐런 미치 박사가 이끄는 연구팀은 2017년 11월, 과학 저널 〈네이처〉에 흥미로운 논문을 발표했다. '길쭉한 형상의 붉은 성간 소행성의 짧은 방문'이라는 제목이었다.[17] 지금 태양계를 통과하고 있는 천체를 발견했다는 것이다. 지금까지 알려진 혜성과 소행성의 수는 75만 개에 이른다. 하지만 어느 것 하나 태양계 밖에서 온 것으로 판명되지 않았다. 오르트 구름에서 많은 천체들이 성간으로 이탈했다는 것에 동감한다면 태양계 내에서도 다른 태양계에서 온 천체들을 발견할 수 있다는 데도 동감할 것이다. 그런데 천문학자들이 하와이 대학교의 판-스타스 망원경을 사용해서 그동안 관측되지 않고 있던 다른 태양계에서 우리 태양계로 유입되어 다시 성간으로 향하고 있는 천체를 발견했다. 이 천체는 다른 태양계에서 이탈해서 성간을 날아와 태양계를 통과 중인 것으로 알려졌다. 최초 관측 당시 이 천체는 약 초속 44킬로미터 속도로 움직이고 있었는데, 궤도가 기존의 혜성이나 소행성과 많이 달라서 주목하고 관측을 이어 갔다고 한다. 길이가 1백 미터에서 1천 미터쯤 되지만 폭은 길이의 십분의 일에 불과한 길쭉한 모양인 것으로 알려졌는데, 태양계 안에서는 보지 못한 형태다. 길쭉한 모양을 하고 있어서 시간에 따른 밝기 변화가 심하게 나타난다. 이 천체는 어두운 붉은색을 띤다. 분광 관측을 통해 이 천체는 태양계 안의 혜성이나 소행성처럼 표면에 유기물이 많다고 밝혀졌다.

이 천체는 처음에는 혜성일 것으로 추정되었다. 하지만 태양 근처를 0.25AU 거리로 지나가는 동안에도 혜성의 특징인 꼬리 분출이 발견되지 않았다. 현재는 혜성이 아닌 소행성으로 인정하고 있다. 태양계 밖에서 온 소행성을 분류하는 기준이 없었기 때문에 국제천문연맹에서는 '성간 소행성'이라는 새로운 분류 단위를 만들었다. 이 천체는 첫 번째 성간 소행성으로 분류되었다. 그리고 이 천체의 이름을 '1I/2017 U1'로 정식으로 명명했다. 보통은 '오우무아무아'Oumuamua'라고 부른다. 하와이 말로 '과거로부터 온 메신저' 정도의 뜻이라고 한다. 'O' 앞에 붙은 기호는 영어의 부호가 아니라 하와이 말의 부호(오키나)인데, 이 천체의 이름을 쓸 때 반드시 붙여서 표기해야 한다고 한다. 오우무아무아는 2019년 1월, 토성 궤도를 지났고 2022년에는 해왕성 궤도를 지나갈 것으로 예측된다. 속도는 점점 느려지고 있는데 2019년에 29km/s를 가리킨 이후 26km/s에 이를 것으로 계산하고 있다. 태양계를 벗어나서 성간으로 돌아가는 궤도에 진입한 것으로 보인다.

다른 태양계로부터 온 천체를 관측적으로 처음 확인했다는 데 큰 의미가 있다. 관측 장비와 분석 기법의 발달은 더 많은 오우무아무아의 발견을 이끌어 낼 것이다. 다른 태양계까지의 거리가 너무 멀기 때문에 직접 가서 관측하는 것은 상상의 영역에 속한다. 하지만 지구를 떠나지 않고도 스스로 태양계로 날아 들어온 오우무아무아 같은 천체들을 관측하면 다른 태양계의 특성이나 기원에 대한 힌트를 얻을 수 있다. 이런 천체가 많이 발견된다면 통계적인 접근으로 오르트 구름의 형성 기원에 대한 연구에도 응용할 수 있을 것이다. 첫 관측이나 첫 발견은 늘 경이로운 일이다. 하나가 둘이 되는 경험은 천문학에서는 보편성으로 나아가는 문이 활짝 열린 것이나 다름없다. 또 다른 오우무아무아의 발견이 쏟아지는 날을 기대해 본다.

오우무아무아는 우리가 발견한 첫 번째 성간 소행성이었기 때문에 많은 주목을 받았다. 태양계를 방문했다가 떠나가는 천체이기 때문에 충분히 관측할 시간적 여력이 없어 여러 가지 추측이 난무한 것도 사실이다. 기대 섞인 추측 중 하나가 오우무아무아가 외계로부터 온 우주선일 가능성이었다. 유인이든 무인이든 간에 인공적인 구조물일 가능성에 대한 문제 제기도 있었다. 2019년 7월, 〈네이처 천문학〉에는 오우무아무아를 둘러싼 그동안의 논쟁을 정리한 글이 실렸다. '오우무아무아의 자연사'라는 제목의 논문인데 오우무아무아는 자연적인 천체이고 인공적이라고 할 만한 증거가 없다는 내용이다.[18]

짧은 시간이었지만 우리들을 흥분시켰던 오우무아무아는 태양계를 벗어나는 궤도상에 올라 있다. 2019년에는 2I/Borisov가 오우무아무아의 뒤를 이어서 다른 별에서 온 두 번째 손님으로 알려졌다. 2I/Borisov 또한 성간 혜성인 것으로 알려지면서 천문학자들을 들뜨게 했다. 아쉽게도 이 성간 혜성은 최근 들어

서 쪼개지기 시작한 것으로 알려지면서 천문학자들을 아쉽게 하
고 있다.

✧ 탐사 우주선의 미래 비전 ✧

우주 여행은 그 기술도 문제지만 소요 시간도 문제다. 지구에서 달을 오가는 왕복 일주일이 인간의 우주 여행 경험의 최대치인데 화성 왕복 여행은 자그만치 2년 가까이 걸리고 명왕성은 가는 데만 9년 이상이 걸릴 것으로 예상된다. 항성 간 여행도 마찬가지이다. 한 세대는 물론 수 세대를 걸쳐도 끝나지 않을 여행이 될 수도 있다. 우주선의 속도를 더 빠르게 하기 위해서는 더 많은 에너지를 투입해야 하고 그에 따른 불안정성을 극복하는 장치를 또 마련해야 한다. 스타칩의 작은 성공은 항성 간 여행의 신호탄일지도 모른다.

인간의 상상 속에서 우주 여행은 늘 매혹적인 주제다. 그 속에서 인간은 우주 어느 곳, 못 가는 곳이 없다. 하지만 현실은 더디게 그 꿈을 향해서 나아가고 있을 뿐이다. 인간이 탑승한 우주선은 겨우 달에서 그 여정을 멈춰 버렸다. 화성으로 가는 유인 우주선 이야기도 자주 언급되지만 여전히 기획 단계에 머물고 있다. 화성 유인 탐사선이 아직 실현되지 못한 이유는 수백 가지가 있겠지만, 요약하자면 2년 가까이 걸리는 화성 왕복 여행에서 우주인들이 살아서 갔다가 살아서 돌아올 기술이 아직 확보되지 않았기 때문이다. 유인 우주선은 태양계 내의 여행조차 힘겹다. 생명 유지라는 절체절명의 미션을 달성해야 하기 때문이다.

기술도 문제지만 소요 시간도 문제다. 뉴호라이즌스호가 명왕성까지 가는 데 9년 정도가 걸렸다. 인간이 감내할 만한 시간이지만 달까지 갔다 오는 일주일 정도의 우주 여행 경험이 최대치인 인간에게는 여전히 꿈같은 이야기다. 태양계 내 여행의 현실이 이러니 태양계를 벗어나는 여행, 즉 태양이라는 별과 다른 별 사이를 오가는 항성 간 여행은 그저 SF 소설 속에서나 가능한 이야기가 될 것이다.

그나마 무인 탐사선은 조금 더 멀리까지 진출했다. 1972년과 1973년에 발사된 파이어니어 10호와 11호는 이미 신호가 끊어졌지만 태양계를 벗어나기 위한 궤도를 날아가고 있을 것이다. 1977년 발사된 보이저 1호와 2호도 태양계 내의 외곽 지역 행성들을 관측하고 역시 태양계를 벗어나는 궤도에 올라타고 있다. 2006년 출발한 뉴호라이즌스호도 명왕성과 카이퍼 벨트에 있는 소행성 울티마 툴레를 관측한 후 다음 관측을 위해 순항 중이다. 임무를 마치면 태양계를 벗어나는 궤적으로 들어갈 것이

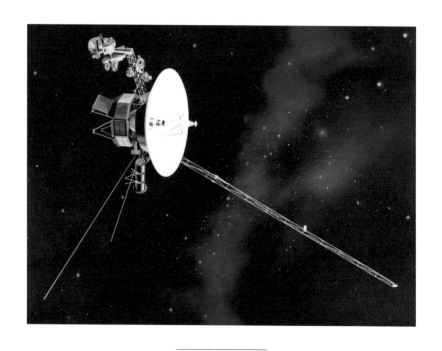

보이저 1호를 그린 일러스트. 1977년에 발사되었으며
확인 가능한 탐사선 중에서는 최초로 태양계를 벗어날 것으로 예측된다.

다. 현재 지구로부터 가장 멀리 떨어진 곳까지 날아간 무인 우주선은 보이저 1호다. 2020년 9월 17일 현재 지구와 태양 사이 평균 거리의 150.5배가 되는 거리까지 날아갔다. 약 225억 킬로미터가 넘는 거리다. 하지만 이렇게 멀리까지 나아간 보이저 1호가 태양계의 끝자락에 자리하고 있을 것으로 예상되는 오르트 구름까지 가려면 아직 멀었다. 오르트 구름을 벗어나서 태양계처럼 별(태양)과 행성들로 이루어진 가장 가까운, 다른 항성계 (또는 행성계) 정도까지의 거리로 나아가려면 계산법에 따라 변동은 있지만 3만 년 이상을 더 날아가야 한다.

물론 보이저 1호는 태양계에서 가장 가까운 항성계, 센타우루스 자리 알파별 시스템을 향해서 날아가고 있지는 않다. 보이저 1호를 비롯한, 태양계를 벗어나 항성 간 여행을 하도록 설계된 우주 탐사선들은 우주 먼지 같은 방해물에 부딪혀서 궤도가 수정되거나 파손되는 불상사가 발생하지 않는다면 결국엔 태양계를 벗어날 것이다. 태양계 안이라고 할지라도 외곽으로 가면 갈수록 밀도는 더욱 낮아져서 충돌 확률은 거의 없다.

태양계 내 무인 탐사선이 활발하게 활동하고 있고, 더디지만 화성 유인 탐사선 기획이 계속 나오고 있는 반면 항성 간 우주여행은 여전히 상상의 산물이다. 그곳까지 가는 데 거리가 멀어 시간도 많이 걸리기 때문이다. 그 시간의 길이가 한 세대가 살아 있는 당대 정도가 아니라 인간의 후손 대대에 걸쳐도 이루어질지 의문이다. 태양계에서 가장 가까운 다른 항성계까지 가는 데 몇만 년이 걸린다니 말이다. 그것도 초고속인 초속 15~20킬로미터임에도 그렇다. 그 시간이 지나면 지구상에 인간이라는 종이 여전히 존재할까. 과학 기술이 발전하면서 우주선의 속도도 더 빨라질 것이다. 하지만 그렇게 하기 위해서는 더 많은 에너지를 투입해야 하고 그에 따른 불안정성을 극복하는 장치를 또 마련해야 한다. 쉽게 해결할 수 있는 문제는 아니다.

탐사를 기획한 사람들이 당대에 그 결과를 볼 수 있는 항성 간 우주 여행 계획을 간간이 발표하곤 했다. 물론 대부분 아이디어 차원의 기획 단계였다. 그러다 2016년 4월 12일 현실적인 꿈을 꾸게 하는 사건이 하나 있었다. 미국 뉴욕시에서 지금은 고인이 된 스티븐 호킹을 비롯해 천문학자 칼 세이건의 아내 앤 드루얀, 영국왕립학회 회장을 지낸 천문학자 마틴 리스 등을 초청한 행사가 열렸다. 구소련의 유리 가가린이 인간으로서는 처음으로 지구 궤도를 돌았던 날에 맞춰 행사가 열렸다.

러시아 출신의 부호인 유리 밀너는 이 사람들을 모아 놓고 큰 계획을 발표했다. 브레이크스루 스타샷 프로젝트였다. 유리 밀너는 물리학과 경영학을 공부한 후 사업으로 막대한 부를 축적했다. 유리 가가린을 기리며 자신의 이름을 '유리'로 지었다고 한다. 브레이크스루 스타샷 프로젝트의 이사진에는 스티븐 호킹과 페이스북의 마크 저커버그가 포진했다. 자문 위원회에는 앞서 언급한 명사들 이외에도 이름난 과학자와 유명 인사 들이 참여하고 있다. 이 프로젝트는 21세기부터 시작된 비약적인 실리

콘 밸리의 기술 발전을 바탕으로 태양계에서 (즉 지구에서) 가장 가까운 항성계인 센타우루스 자리 알파별 시스템에 빛의 속도의 15~20퍼센트 속도로 빠르게 날아가는 우주선을 보내겠다는 비전을 제시했다. 유리 밀너는 이 프로젝트를 시작하는 마중물로 1억 달러를 내놓았다. 우리 돈으로 1200억 원 정도다. 물론 전체의 프로젝트에는 훨씬 많은 돈이 들 것이다.

브레이크스루 스타샷 프로젝트에서 개발하려고 하는 수 그램짜리 작은 우주 탐사선 시스템은 나노 우주선과 라이트비머로 구성될 예정이다. 나노 우주선은 다시 스타칩과 라이트세일, 이렇게 두 부분으로 나누어져 있다. 스타칩은 우주 공간에서 견딜 수 있는 내구성을 갖춘 송수신 장치와 카메라들을 장착한 그램 단위 무게의 칩이다. 작은 휴대폰이라고 생각해도 좋다. 실제로 휴대폰 한 대 정도의 비용으로 스타칩을 생산하려는 계획을 갖고 있다. 라이트세일은 아주 얇고 반사도가 높고 역시 수 그램 무게에 수 미터 높이의 우주 돛대를 말한다. 이 우주 돛대에 스타칩을 장착한 것이 나노 우주선이 되는 것이다.

라이트비머는 100기가와트 정도의 출력을 내는 레이저 장치다. 브레이크스루 스타샷 프로젝트는 지상이나 달 표면 또는 우주 공간에 설치될 강력한 레이저들의 집단, 즉 라이트비머들에서 강력한 레이저를 발사해 미리 우주 공간에 띄워 놓은 수천여 개의 우주 돛대를 밀어서 가속을 시키겠다는 목표를 갖고 있다. 레이저가 우주 돛대에 반사되면 우주 돛대는 그 복사압으로 속도가 점차 빨라지면서 가속될 것이다. 가속이 계속 진행되면 스타칩을 장착한 수많은 나노 우주선은 점점 빨라져 그 속도가 빛의 속도의 15~20퍼센트에 이르게 될 것이라고 기대하고 있다. 나노 우주선은 아주 가볍기 때문에 이 정도의 레이저로 상당한 속도로 가속시킬 수 있다.

가려고 하는 목적지는 우리 태양계에서 4.3광년 정도 떨어져 있는 가장 가까운 항성계, 센타우루스 자리 알파별 시스템이다. 이곳에는 별 세 개가 모여 있다. 태양이 세 개인 항성계라는 말이다. 보이저 1호의 속도로 간다면 5~8만 년 정도 걸릴 거리에 위치해 있다. 이런 곳에 20년 정도 만에 가겠다는 야심찬 계획이다. 물론 아직 이런 레이저 장치는 존재하지 않는다. 스타칩도 이 프로젝트에 걸맞은 성능이 되려면 아직 멀었다. 우주 돛대 실험은 이어지고 있지만 만족스러운 우주 돛대를 언제 갖게 될지는 장담할 수 없다. 브레이크스루 스타샷 프로젝트팀에서는 20년 정도 기술을 개발하고 20년 정도 날아가는 일정을 세우고 있다.

2016년 4월 12일 유리 밀너가 이 프로젝트에 약 1200억 원을 기부하는 이벤트를 연 후 이 프로젝트의 성공 확률을 조금이나마 더 높일 것 같은 좋은 소식이 연이어 들려 온다. 같은 해 8월 24일 유럽남천문대가 센타우루스 자리 알파별 시스템에서 지구와 비슷한 것으로 여겨지는 외계 행성인 프록시마b를 발견한 것이다. 브레이크스루 스타샷 프로젝트의 목적지가 조금 더 분명해졌다. 외계 행성 프록시마b 근처로 접근해서 사진을 촬영해 지구로 전송하는 것이다. 수천여 개의 나노 우주선이 날아가니 도중에 여럿이 실패하더라도 여전히 많은 수의 우주선이 프록시마b의 사진을 성공적으로 찍어 보낼 수 있을 것이다. 만약 이 프로젝트가 성공한다면 우리는 당대에 항성 간 여행의 결과물을 받아 볼 수 있을 것이다.

최근 한 가지 또 좋은 소식이 들려 왔다. 브레이크스루 스타샷 프로젝트를 수행하고 있는 미국 캘리포니아 주립대 필립 루빈 교수 연구팀의 실험이 성공한 것이다. 이 연구팀은 유리 가가린이 인류 최초로 우주 공간으로 날아간 날짜에 맞춰, 2019년 4월 12일을 실험일로 정했다. 그들은 미국 메릴랜드주 애나폴리스에 있는 해군사관학교에서 시험 버전의 스타칩을 기구에 실어서 상공 3만 2천 미터까지 올려 보냈다. 스타칩은 잘 작동했으며 모두가 원하는 성능을 발휘했다. 이 작은 실험의 성공이 어쩌면 항성 간 여행의 시작을 알리는 나팔소리일지도 모른다. 스타칩이 실제로 더 열악한 우주 공간의 환경을 버텨 낼 견고함과 안정성을 갖추기까지는 시간이 더 걸릴 것이다. 하지만 연구팀은 벌써부터 스타칩의 작은 성공이 프록시마b로의 항성 간 여행에 그치지 않고 가까운 외계 행성들을 직접 관측하러 가는 항성 간 여행의 길을 트는 신호탄이라고 여기고 있다.

이 프로젝트가 순조롭게 진행된다면 우리는 살아 있는 당대에 또 다른 태양계의 작은 행성의 모습을 눈으로 직접 목격하는 호사를 누릴 수 있을지도 모른다. 어쩌면 외계 생명체에 대한 중요한 답을 이 프로젝트로부터 얻을 수 있을지도 모른다. 2050년대의 어느 날 또는 2060년대의 어느 날, 인류는 또 한 번 도약하는 자신의 모습을 목격할 수 있을 것이다. 반드시 그런 날이 오기를 바란다.

✧ 새로운 망원경의 존재 이유 ✧

천문학 연구용 망원경은 인공 불빛이 적고 건조하고 맑은 날씨의 지역에 세워진다. 지구 표면에서 관측하기 힘든 빛을 관측하기 위해서는 우주 공간에 망원경을 장착한 인공위성, 우주 망원경을 띄운다. 망원경은 천문학 연구의 필수 장비다. 이미 많은 지상 망원경과 우주 망원경이 있음에도 불구하고 왜 또 각국의 국민들이 낸 세금으로 새로운 망원경을 건설할까. 현존하는 망원경으로는 해결할 수 없는 문제를 해결할 수 있어야 새로운 망원경의 존재 이유가 성립된다. 막대한 비용이 드는 새로운 망원경은 여러 논쟁을 거친 후 건설된다. 망원경의 기획과 건설 과정을 보면 천문학적 난제의 해결 시점도 어느 정도 예측할 수 있다.

학생들 앞에서 강연을 하다 보면 천문학의 전망에 대한 질문을 많이 받는다. 아직 학생들이다 보니 깊이 있는 학문적 쟁점에 대한 질문인 경우는 드물다. 시대가 각박하다 보니 많은 학생들의 관심사는 주로 '천문학을 공부해도 먹고살 수 있는가'다. 천문학자들의 월급은 얼마인지 구체적인 질문도 들어온다. 이럴 때면 나는 우리나라 출연 연구소 연구원들의 연봉을 공개한 웹 사이트에서 천문학 연구소 항목을 살펴보라고 현실적인 조언을 한다.

하지만 내가 정작 그들에게 자세하게 들려주는 이야기는 현재 건설 중이거나 기획 중인 망원경에 대한 이야기다. 동문서답 같지만 내 나름대로 고심하며 준비한 꽤나 근거 있는 이야기다. 천문학에서 연구용으로 사용하는 망원경은 대개 인공적인 불빛이 적고 건조하고 맑은 날이 많은 지역에 세워진다. 이 조건을 갖춘 하와이의 마우아케아 지역이나 칠레의 산꼭대기가 망원경이 세워지는 단골 장소이다. 조건이 갖춰진 지역에는 또 다른 망원경이 세워져서 여러 대의 망원경이 모이곤 한다. 이미 인프라가 갖춰진 데다 날씨 같은 환경 조건에 대한 검증도 되었으니 매력적일 수밖에 없다.

전파 망원경의 경우는 가시광선의 영향보다는 전파 간섭 문제가 해결될 수 있는 곳에 건설된다. 결국 오지로 가는 길을 택하게 된다. 지구 표면에서 관측하기 힘들거나 불가능한 파장 영역의 빛을 관측하기 위해서는 우주 공간에 망원경을 장착한 인공위성을 띄우기도 한다. 우주 망원경이라고 부른다. 적외선 영역을 관측하면 적외선 우주 망원경, 자외선 영역을 관측하면 자외선 우주 망원경이라고 부른다. 망원경은 천문학 연구의 필수 장비다. 많은 연구 결과를 쏟아 낼 수 있는 망원경을 건설하는 데는 어려움이 많다. 장소도 중요하지만 건설하기까지 짧지 않은 시간이 걸린다. 건설하는 데만 보통 10년 이상의 시간이 필요하다. 기획하고 건설 비용을 마련하는 작업에 걸리는 시간까지 생각한다면 보통 하나의 망원경이 만들어지기까지 20년은 족히 걸린다. 이렇게 오랜 시간이 걸린다는 점이 내가 천문학의 전망을 묻는 학생들에게 해 주는 답의 열쇠다.

10년에서 20년이 걸리는 망원경 건설 사업을 한다면 그 기간 동안 이 프로젝트에 필요한 사람들이 있을 것이다. 당장 망원경 자체를 만드는 천문학자와 엔지니어가 필요할 것이다. 망원경에 부착할 여러 관측 장비를 만들 사람들도 필요할 것이다. 시간이 좀 지나면 망원경을 사용해서 실제로 관측하고 관측한 자료를 분석할 연구자들이 필요할 것이다. 따라서 망원경 건설 계획이 세워지면 그때부터 망원경이 완성될 때까지 또 완성된 후 운영을 하는 데 필요한 인력 규모가 어느 정도 파악된다. 천문학과 관련된 일자리 규모가 망원경 건설 계획과 함께 알려지는 것이다. 이보다 더 구체적인 일자리 전망이 어디 있겠는가.

그래서 나는 학생들이 걱정 어린 표정으로 천문학 분야의 일자리 전망에 대해 물어보면 현재 우리나라가 관여해서 건설 중인 망원경 이야기를 하곤 한다. 사실을 바탕으로 그 진행 상황을 시간 순서에 맞춰서 알려 준다. 특히 우리나라 지분이 총 공

사비의 10퍼센트인 약 1천억 원이 투입되는 거대 마젤란 망원경 이야기를 많이 한다. 2029년에 첫 번째 시험 관측을 목표로 칠레에서 건설되고 있다. 물론 이런 대형 프로젝트는 늘 공사 기간이 늘어나기 마련이라는 점을 염두에 둬야 한다. 우리나라가 참여하는 분야가 정해져 있으니 필요한 인력 규모와 작업 내용도 얼추 정해져 있다. 앞으로 몇 년 동안의 천문학 관련 인력 규모를 구체적으로 알려 주는 지표가 될 것이다.

이 망원경이 완성되면 우리나라는 전체 관측 시간의 10퍼센트를 사용하게 된다. 관측을 하고 분석을 할 천문학자가 필요한 것은 당연한 일이다. 이보다 더 구체적인 미래 일자리 전망이 또 있을까. 망원경 건설에 걸리는 시간이 길다는 사실이 한편 미래의 일자리 수요를 구체적으로 알려 주는 역할을 한다는 것이 무척이나 흥미롭다. 거대 마젤란 망원경을 예로 들었지만 우리나라가 참여하고 있는 다른 망원경 프로젝트까지 고려한다면 인적 수요 면에서 우리나라 천문학 전망은 꽤나 구체적으로 예측할 수 있을 것이다. 일자리를 걱정하는 학생들에게 망원경 건설 이야기를 들려주는 것이 완전히 엉뚱한 이야기는 아니다.

기획하고 있거나 건설 중인 망원경을 살펴보면 인적 수요에 대한 정보도 얻을 수 있지만 현재 풀리지 않는 천문학적인 문제들이 언제 해결될 수 있을지 가늠하는 데도 도움이 된다. 새로운 망원경을 건설하려 할 때 아마 제일 먼저 해야 할 일은 천문학자들이 모여서 왜 새로운 망원경을 만들어야 하는지 타당한 이유를 제시하는 일일 것이다. 세계 곳곳에서 운영 중인 많은 지상 망원경과 우주 공간에서 관측 임무를 수행하고 있는 우주 망원경이 있음에도 불구하고 왜 또 각국의 국민들이 낸 세금으로 새로운 망원경을 건설해야만 하는지 분명하고 설득력 있게 말할 수 있어야 한다. 간혹 정치적인 이유나 다른 이유가 있을 때도 있지만 무엇보다 가장 중요한 요소는 천문학적 필요성이다. 현재 존재하는 망원경으로는 해결할 수 없는 문제를 해결할 수 있어야 새로운 망원경의 존재 이유를 설명할 수 있을 것이다. 새로운 망원경은 이런 논쟁을 뚫고 의미를 부여받는 과정을 거친 후 건설된다. 이 말을 다시 정리하면 망원경에는 해결하려는 임무가 있다는 것이다.

보통 이런 것들은 그 망원경이 건설되고 난 후 망원경을 운영하는 천문대나 기관에서 핵심 프로젝트라는 이름을 붙인 관측을 수행함으로써 해결하곤 한다. 허블 우주 망원경을 쏘아 올리면서 우주의 나이를 결정하는 데 핵심적인 역할을 하는 허블 상수를 결정하는 관측을 이 망원경의 핵심 프로젝트 중 하나로 설정했던 것이 좋은 예다. 결국 허블 우주 망원경의 관측 덕분에 천문학자들은 오랫동안 쟁점이었던 허블 상수의 오차 범위를 획기적으로 좁힐 수 있었다. 물론 예상하지 못한 결과를 만나기도 한다. '허블 딥필드' 프로젝트는 많은 천문학자들 예상과는 다르게 빈 공간처럼 보이는 하늘에도 수많은 은하들이 존재한다는 사실을 밝혀내기도 했다.

제임스웹 우주 망원경. 2021년 말에 발사된
우주배경복사나 외계 행성의 대기를 정밀하게 관측할
차세대 망원경으로서 주목받고 있다.

이런 뜻밖의 관측 결과는 우주론의 핵심적인 질문과 그에 대한 모범 답안을 바꾸는 역할을 했다. 뜻밖의 결과를 덤으로 얻기도 하지만 새로운 망원경을 기획하고 건설할 때는 앞서 이야기한 것처럼 그 당시 망원경을 통한 관측으로는 풀기 어려운 난제를 해결하려는 의지를 보인다. 알고자 하는 답을 정해 놓고 그 답을 알아내기 위해 필요한 장치를 만드는 셈이다. 이 말은 예정대로 망원경 건설이 진행된다면 우리는 어느 시점에 결국 난제의 답을 얻는다는 것이다. 다시 말하면 망원경의 기획과 건설 과정을 살펴보면 천문학적 쟁점의 해결 시점에 대해서도 어느 정도 예측할 수 있다.

그런 의미에서 현재 건설 중인 또는 기획 중인 망원경을 잘 살펴보는 것이 중요하다. 다가올 가까운 미래를 미리 볼 수 있기 때문이다. 그래서 흔히 어떤 망원경이 완성되면 현재 잘 알지 못하는 이런저런 문제가 해결될 것이라는 말을 천문학자들은 버릇처럼 한다. 망원경을 운영할 천문대나 연구소의 핵심 프로젝트를 보면 더 구체적으로 가까운 미래의 천문학 전망을 엿볼 수 있다. 핵심 프로젝트가 아니더라도 건설 중인 망원경의 스펙이 공개되면 많은 천문학자들은 그 망원경으로 할 수 있는 관측 프로젝트를 궁리한다. 그 결과 기발한 새로운 관측 프로젝트가 탄생하기도 한다. 2021년 12월 25일 발사된 제임스웹 우주 망원경의 핵심 프로젝트는 우주론적인 질문의 답을 찾는 데 있다. 우주 초기의 별과 은하의 형성 과정을 목격하려는 것이 제임스웹 우주 망원경의 주된 관심사 중 하나다. 하지만 다른 궁리를 하는 천문학자들도 많다.

　미국 워싱턴 대학교의 제이콥 루스티그-예거 박사 연구팀은 2019년 6월 〈천문학 저널〉에 실린 논문에서 제임스웹 우주망원경이 발사되면 해 볼 수 있는 흥미로운 관측을 제안했다. 'JWST를 사용한 트라피스트-1 외계 행성 대기의 탐지 가능성 및 특성화'라는 제목이다. 제임스웹 우주 망원경을 활용해서 트라피스트-1 별 주위를 돌고 있는 외계 행성의 대기 특성을 관측할 수 있는지 질문을 던지고 있다.[19] 우리로부터 약 39광년 떨어져 있는 항성, 트라피스트-1 별 주위에는 지구와 비슷한 암석질 행성 7개가 돌고 있는 것으로 알려져 있다. 이런 외계 행성의 대기를 제임스웹 우주 망원경을 사용해서 직접 관측해 보자는 것이다. 대기를 관측해서 물리적 특성을 알아낼 수 있다면 이들 외계 행성에 생명체가 존재하는지 판가름하는 데 큰 도움이 될 것이다. 현재 질량 같은 물리적인 양의 결정 정도에 묶여 있는 외계 행성 관측에 새로운 장을 열 것이다. 우주론적 문제를 해결할 것으로 기대를 모으고 있는 차세대 망원경이 우주 생물학적 쟁점에 대한 문제도 해결할 수 있다는 기대를 갖게 하는 작업이다.

　최근의 논문들을 보면 현재 시점에서의 난제를 거론한 후 어떤 차세대 망원경이 건설되면 그 문제가 해결될 것이라는 전망을 이야기하면서 끝을 맺는 경우가 많다. 망원경의 기획과 건설이 얻고자 하는 과학적 결과를 미리 예측하고 시작된다는 점과 건설이 완성되기까지 짧지 않은 시간이 걸린다는 점에서 미래로 가는 타임머신을 타고 천문학을 전망하는 구체적인 잣대가 될 수 있을 것이다. 한편 망원경의 건설은 핵심 프로젝트 이외에도 참신한 아이디어를 숱하게 이끌어 내기도 한다. 뜻밖의 발견은 덤이다. 차세대 망원경을 보면 그 속에서 펼쳐질 천문학의 미래가 고스란히 보일 것이다.

6장

별과 행성의 발견

✧ 원소를 생산하는 별의 기원 ✧

은하는 별·가스·먼지로 구성된 성간 물질과 암흑 물질로 이루어져 있다. 성간 물질이 구름처럼 뭉쳐 있는 것을 성운星雲이라고 한다. 별은 이 성운에서 태어난다. 성간 물질에는 수소가 가장 많다. 수소는 질량으로 따지면 전체 성운의 75퍼센트 정도를 차지하고 있다. 나머지의 대부분은 헬륨이다. 별이 탄생한다는 것은 성운 속에서 성간 물질이 뭉쳐서 빛을 내기 시작했다는 것을 의미한다. 산소·질소·탄소 같은 원소들의 원자핵이 별이 빛을 만드는 과정에서 형성된다. 별이 일생을 마쳤다는 것은 더 이상 빛을 만들어 내지 못하는 상태를 말한다. 별은 죽음의 마지막 단계에서 질량의 크기에 따라서 해체되거나 폭발하는 과정을 겪게 된다.

우리가 살고 있는 우주에서 지구의 천문학자들이 100여 년간 관측한 결과들을 종합해 보면 우리는 팽창하는 우주에 살고 있는 게 거의 확실해 보인다. 거의 모든 관측적인 증거들이 팽창 우주론, 즉 대폭발 우주론을 지지하고 있다. 우주는 아주 작게 태어났는데, 막 태어났을 때는 고온과 고밀도의 에너지가 충만한 상태였다. 138억 년 전의 일이다. 우주가 태어나면서 시간이 흐르기 시작했고, 공간적으로는 팽창을 거듭했다. 우주의 총 에너지는 일정하지만 우주가 팽창함에 따라서 온도와 밀도는 떨어졌다. 온도가 떨어지고 밀도가 낮아지면서 우주 공간 속의 에너지는 물질로 바뀌기 시작했다. 물질의 재료가 되는 쿼크와 전자가 먼저 생겼다. 쿼크가 세 개씩 짝을 이루면서 양성자와 중성자가 형성되었다. 우주의 나이가 채 몇 분도 되기 전에 물질의 재료들이 다 만들어졌다.

우주의 나이가 38만 살 정도 되었을 때 전 우주적으로 양성자와 전자가 짝을 이루어 수소가 형성될 수 있는 온도와 밀도 조건이 갖춰졌다. 이 무렵 온 우주 공간에서는 동시다발적으로 수소가 만들어졌다. 그리고 약간의 헬륨이 만들어졌고, 약간의 리튬이 만들어졌다. 우주 공간 속에서 거의 균일하고 등방적으로 수소가 만들어졌지만 한 지역과 다른 지역의 물질 양의 차이는 아주 작지만 존재했다. 우주의 물질의 대부분이 수소인 상태로 얼마간의 시간이 흘렀다. 수억 년 별다른 변화가 없는 상태에서 우주는 계속 팽창했던 것으로 보인다. 아주 작은 물질의 차이 때문에 중력의 차이가 생겼고, 더 많은 물질이 모여 있는 쪽으로 더 많은 물질이 끌려가서 응집되기 시작했다.

시간이 흐르고 우주는 팽창하면서 차이는 더 벌어지기 시작했다. 국부적으로 수소들이 뭉쳐서 밀도가 높은 지역이 생겨나기 시작했다. 수소와 약간의 헬륨으로 이루어진 밀도가 높은 덩어리들이 생겨나기 시작한 것이다. 성운이라고 불러도 좋고 성간 구름이라고 불러도 좋다. 아직 별은 존재하지 않고 있는 상태다. 우주에는 수소 가스가 주를 이루는 성운들이 국부적으로 높은 밀도를 유지하면서 뭉쳐져 있었다. 우주의 나이가 수억 년일 무렵이다. 어느 시점이 되면 성간 구름들이 뭉치면서 원시 은하를 형성한다. 이 과정에서 국부적으로 성운 속에서 별들이 탄생한다.

은하는 별·가스·먼지로 이루어진 성간 물질 그리고 암흑 물질로 이루어져 있다. 성간 물질이 구름처럼 뭉쳐 있는 것을 성운이라고 부른다. 항성, 즉 별들은 이 성운에서 태어난다. 별은 일생을 마치면 흩어져서 다시 성운으로 돌아간다. 그래서 성운을 별들의 고향이라거나 별들의 자궁 또는 요람이라고 부르기도 한다. 성운 속에는 고체인 먼지와 함께 다양한 종류의 기체가 존재한다. 성간 물질에는 수소가 가장 많다. 수소는 질량으로 따지면 전체 성운의 75퍼센트 정도를 차지하고 있다. 나머지의 대부분은 헬륨이다. 그리고 아주 적은 나머지를 온갖 원소들이 차지하고 있다. 고체인 먼지는 가스보다 훨씬 적은 비중으로 성운의 한 부분을 점유하고 있다. 별이 탄생한다는 것은 성운 속에서 성

성운. 별·가스·먼지로 이루어진 성간 물질이 구름처럼 뭉쳐 있는 것이 성운이다.
카시오페이아 별자리에 있는 이 성운은
가스와 먼지로 이루어진 베일을 지녀서 '유령 성운'이라는 별명을 얻었다.

간 물질이 뭉쳐서 빛을 내기 시작했다는 것을 의미한다. 별이 일생을 마쳤다는 것은 더 이상 빛을 만들어 내지 못하는 상태를 말한다. 더 이상 빛을 만들어 내지 못하는 별은 죽은 별이다. 죽음의 마지막 단계에서 별은 질량의 크기에 따라서 해체되거나 폭발하는 과정을 겪게 된다. 이 과정에서 별은 흩어져서 성운으로 돌아간다. 은하의 형성과 별의 생성은 이처럼 얽혀 있는 현상이다. 그래서 어떤 경우는 은하의 형성과 별의 생성 시기를 동일시하기도 한다. 별의 탄생 과정에서는 약간의 시차를 두고 행성이 형성되는 경우가 많다. 그래서 별의 탄생을 이야기할 때 행성계의 형성이라는 관점에서 접근하기도 한다. 원시 은하가 형성되면서 그 속의 성간 구름 속에서 별과 행성이 생성되는 과정이 일어나는 것이다.

조금 더 자세히 별의 생성 과정을 들여다보기로 하자. 성간 구름이 충분히 무거워지고 밀도가 높아지면 성운은 자체 중력을 견디지 못하고 중력 붕괴를 시작한다. 원래 크기의 십분의 일 정도로 수축되면서 중심부의 온도와 밀도가 엄청나게 커진다. 이 과정에서 별들이 무리지어서 탄생을 한다. 앞서 언급했듯이 별이 탄생한다는 것은 별빛이 만들어졌다는 의미이다. 별빛은 핵융합 과정을 통해서 만들어진다. 우주 최초의 성운을 생각해 보자. 수소와 약간의 헬륨이 포함된 상태일 것이다. 이 성운이 압축되면 중심부에서 수소의 원자핵인 양성자들끼리 피하지 못하고 융합하게 되는 현상이 벌어진다. 양성자와 양성자가 합쳐지는 것이 바로 핵융합이다. 이 과정에서 생기는 질량의 차이가 빛에너지로 변하면서 발생하는데, 이 순간을 별의 탄생 시점으로 본다. 그런데 이 과정에서 양성자와 양성자가 합쳐졌기 때문에 별의 내부에서 양성자가 두 개인 원소가 생겨났다. 양성자가 두 개인 원소는 헬륨이다.

헬륨은 주로 빅뱅 직후 우주에서 형성되었지만 별 내부의 핵융합 반응으로도 생성된다. 수소의 원자핵인 양성자는 모두 우주 초기에 만들어졌다. 별이 계속 빛을 낸다는 것은 계속 양성자와 양성자를 핵융합시킨다는 것을 의미한다. 핵융합이 거듭될수록 수소의 원자핵인 양성자는 고갈되고 헬륨은 늘어날 것이다. 수소가 다 고갈되면 별의 질량에 따라서 양상이 좀 다르긴 하지만 더 복잡한 형태의 핵융합 과정이 진행되면서 계속 빛을 만들어 낸다. 질량이 상대적으로 가벼운 별들은 핵융합 작용을 통해서 양성자의 수가 비교적 적은 원소들을 만들어 낸다. 산소, 질소, 탄소 같은 원소들의 원자핵이 별이 빛을 만드는 과정에서 형성된다. 질량이 좀 더 무거운 별들은 더 많은 양성자들을 결합시키는 핵융합 작용을 수행할 수 있다. 결과적으로 양성자의 수가 더 많은 더 무거운 원소들의 원자핵을 만들어 낼 수 있다. 보통 철 원자핵 정도까지를 별 내부의 핵융합 작용을 통해서 만들어 낸다.

수소와 약간의 헬륨으로만 이루어진 성간 구름에서 탄생한 1세대 별들은 다른 원소를 처음으로 만들어 내는 역할을 했다.

이들 별이 죽으면서 성운으로 돌아가면 별 내부에서 만들어진 원소들도 함께 성운으로 뿌려진다. 1세대 별이 일생을 살고 지나간 성운 속에는 이제 수소와 헬륨뿐 아니라 별이 만들어 놓은 산소, 질소, 탄소나 질량이 클 경우 철 같은 원소들도 존재할 것이다. 이런 성운에서 생성된 별에는 이미 수소 이외의 원소들이 존재할 것이다. 이 별들이 일생을 살고 죽으면서 자신이 만든 원소를 성운으로 뿌린다면 어떤 일이 벌어질까. 다음 세대 성운에는 수소나 헬륨보다 무거운 원소들이 더 많아질 것이다. 금이나 니켈 같은 금속들은 별의 일생의 과정을 통해서 만들어지지 않는다. 아주 무거운 별이 일생을 살고 초신성으로 폭발하는 짧은 시간 동안 생성된다. 태양은 우주 전체로 보면 3~4세대 정도에 속하는 별이다. 따라서 태양계는 이미 탄생할 때부터 다양한 원소를 풍부하게 지녔다.

천문학자들의 현안 관심사 중 하나가 별이 탄생한 시점이다. 별이 세대를 거듭하면 거듭할수록 수소보다 무거운 원소들의 함량이 늘어날 것이다. 이런 과정을 역으로 이용해서 최초의 별을 추적할 수 있다. 가장 멀리 떨어진 은하를 관측한다는 것은 가장 먼 과거의 은하로부터 오는 빛을 관측한다는 것을 의미한다. 우주 공간에서는 거리가 곧 시간이다. 천문학자들은 더 멀리 떨어진 은하들을 찾아서 관측을 한다. 수소로만 이루어진 은하를 발견한다면 1세대 은하일 가능성이 크다. 이를 통해서 은하의 형성 시기를 가늠할 수 있을 것이다. 멀리 떨어진 은하에서 원소들의 흔적을 발견한다면 그 존재와 함량으로부터 별의 존재 시점을 가늠할 수 있을 것이다. 유추를 통해서 별의 탄생 시점도 추론할 수 있다.

2018년 5월 과학 저널 〈네이처〉에 '빅뱅 순간으로부터 2억 5천만 년이 지났을 무렵에 이미 별의 탄생이 있었다'는 제목의 흥미로운 논문이 하나 실렸다.[20] 일본의 천문학자인 하시모토 다쿠야 박사 연구팀은 칠레의 아타카마 사막에 있는 전파 간섭계 시스템으로 'MACS1149-JD1'이라는 이름의 은하를 관측했다. 이 은하는 지금까지 거리가 잘 측정된 은하 중 두 번째로 먼 은하라는 영예를 갖고 있다. 'MACS1149-JD1' 보다 더 먼 거리에 있는 것으로 알려진 은하가 있다. 133억 9천만 광년 떨어진 곳에 있는 것으로 추정되는 'GN-z11'이라는 이름의 은하가 바로 그 주인공이다.

이 은하는 'MACS1149-JD1'은 132억 6천만 광년 떨어진 것으로 관측되었다. 현재 우주의 나이가 138억 년이니 우주의 나이가 5억 년 무렵에 출발한 빛을 우리가 보고 있는 것이다. 가장 멀리 떨어진 은하는 아니지만 흥미로운 것은 이 은하의 특성을 통해서 별의 탄생에 대한 정보를 엿볼 수 있다는 것이다. 하시모토 연구팀은 이 은하에서 산소가 두 번 이온화된 상태에서 나오는 방출선을 관측했다. 이 관측 결과가 의미하는 바는 이 은하에 산소가 존재한다는 것이다. 앞서 별의 일생을 통해서 원소들이 생성되는 과정을 간략하게 살펴봤다. 산소가 존재한다는 것은 1

세대 별이 일평생 빛을 만들어 내고 죽으면서 원소들을 성운에 뿌린 후 다음 세대 별이 다시 빛을 내면서 핵융합을 진행했다는 것을 의미한다. 최소한 우주의 나이가 5억 년 무렵에는 2세대 별이 존재했다는 것을 의미한다.

관측된 산소 이온 방출선을 다른 천체 관측 기기를 사용해서 보완·관측해 보니 산소가 만들어진 시점, 즉 'MACS1149-JD1'이라는 은하에서 별이 탄생한 시점을 우주의 나이가 불과 2억 5천만 년이었던 무렵으로 추론했다. 현재 138억 년의 우주의 역사 중 아주 초기인 우주의 나이 2억 5천만 년 무렵에 이미 산소를 만들어 내는 별이 존재했다는 이야기다. 최초 은하의 형성 시기와 별의 탄생 시기를 가늠해 볼 수 있는 아주 중요한 관측 결과라고 하겠다. 2억 5천만 년이라는 시간은 그동안 천문학자들이 추론하고 있던 별의 탄생 시기 중에서도 빠른 축에 속한다. 허블 우주 망원경을 대체할 제임스웹 우주 망원경 같은 새로운 관측 기기를 통해서 더 멀리 있는 은하들을 관측하면 별의 탄생 시기를 좀 더 명확하게 가늠할 수 있을 것이다. 별의 탄생 시기가 어디까지 거슬러 올라갈지 두고 볼 일이다.

✧ 지구를 위협하는 천체들 ✧

소행성이나 혜성은 천문학자들이 두려워하는 대상이다. 잘 알려진 것처럼 6600만 년 전에 있었던 소행성(또는 혜성) 충돌은 지구의 생명 역사를 완전히 바꿔 놓았다. 당시 공룡을 비롯한 많은 생명이 멸종했다. 반면에 소행성이나 혜성은 천문학자들에게 무척 소중한 존재이기도 하다. 소행성이나 혜성은 태양계의 초기 형성 당시를 알 수 있는 단서를 보존하고 있을 것으로 기대되기 때문이다. 태양계 형성 당시에 구성된 물질의 냉동 보관 창고이자 화석이기 때문에 이들 천체를 관측하면 태양계 형성에 관한 사실을 알아낼 수 있을 것이다.

'Near Earth Object(NEO)'라는 것이 있다. 우리말로 번역하는 과정에서 몇몇 다른 이름으로 불리다가 요즘은 '근지구 천체'라는 말로 수렴되어 사용된다. 말 그대로 지구 근처에 있는 천체라는 뜻이다. 지구에 가까이 위치하고 있는 태양계 내의 작은 천체를 일컫는다. 얼마나 가까워야 근지구 천체의 범위에 속할까. 보통 어떤 천체가 태양에 근접했을 때의 거리가 태양과 지구 사이 평균 거리의 1.3배 미만이면 근지구 천체라고 한다. 대부분의 근지구 천체는 소행성이지만 태양에 가깝게 접근한 혜성인 경우도 있다. 소행성은 대부분 화성과 목성 사이에 있는 소행성대에 존재한다. 어떤 교란에 의해서 소행성대를 이탈했다가 지구 근처로 오게 된 것인데, 이들이 근지구 천체의 대부분을 이루고 있다. 보통 지구의 공전 궤도상에서 지구 앞쪽이나 뒤쪽에 무리를 지어 있는데, 이들 소행성 무리는 대략 1년에 한 바퀴씩 태양 주위를 공전한다.

소행성이나 혜성은 천문학자들에게는 무척 소중한 존재다. 물론 모든 천체가 천문학자들의 중요한 연구 대상이다. 하지만 소행성이나 혜성은 태양계가 처음 형성되었을 때의 상태를 알수 있는 단서를 보존하고 있을 것으로 기대되기 때문에 남다른 관심을 끌고 있다. 태양계 형성 당시에 구성된 물질의 냉동 보관창고이자 화석이나 마찬가지이기 때문에 이들 천체를 관측하면 태양계 형성에 관한 사실을 알아낼 수 있을 것이다. 태양계는 이미 형성된 지 50억 년이 지나서 초기의 모습이 대부분 사라지거나 변형되었다. 그나마 초기의 모습을 거의 그대로 간직하고 있는 천체가 이들이다. 일본의 우주 탐사선인 하야부사가 채취해온 소행성의 물질 샘플은 소행성 자체의 물리적 성질을 밝히는

데 큰 기여를 할 것이다. 무엇보다 태양계 형성의 비밀을 열어 줄 열쇠가 될 것이다. 2020년 12월에는 하야부사 2호가 더 많은 소행성 물질 샘플을 지구로 전달했다.

소행성이나 혜성은 천문학자들이 '애정'하는 연구 대상이기도 하지만 두려워하는 대상이기도 하다. 잘 알려진 것처럼 6600만 년 전에 있었던 10킬로미터 정도 크기의 소행성(또는 혜성) 충돌은 지구의 역사를 완전히 바꿔 놓았다. 지구 생명의 역사를 바꿔 놓았다는 말이 좀 더 정확할 것이다. 멕시코의 유카탄 반도에 그 흔적이 남아 있다. 크기가 200킬로미터에 달하는 운석 충돌구 지형, 칙술루브 크레이터가 당시의 충돌 규모를 짐작하게 해준다. 당시 번성하고 있던 공룡을 비롯해서 지구상 대부분의 생명이 멸종했다. 충돌과 동시에 사라진 생명도 있겠지만 그 여파로 화산과 지진이 발생하고 쓰나미가 몰려오고 대기에는 먼지가 차양처럼 막을 형성하면서 식물부터 멸종을 시작해 생태계가 무너지면서 서서히 수많은 생명들이 멸종해 갔을 것이다. 거의 10만 년에 걸친 멸종 과정이었다. 긴 세월이지만 46억 년에 이르는 지구의 나이를 생각하면 찰나에 불과하다. 소행성 충돌로 순식간에 지구상 대부분의 생명이 멸종되었다고 말해도 무방할 것이다.

소행성 충돌은 앞으로 100퍼센트 발생할 사건이다. 특히 수많은 근지구 천체가 존재하는 한 필연적으로 지구가 맞이할 재앙이다. 문제는 언제 이 사건이 발생할지 알 수 없다는 데 있다. 우연히 발생할 것이기 때문이다. 근지구 천체는 지구를 위협하는 잠재적 위험 요소라는 자각이 점차 확산되고 있다. 근지구 천체 중 그 크기가 140미터보다 크면 'Potentially Hazardous Object(PHO)'라고 따로 분류하고 있다. 우리말로는 몇몇 다른 방식으로 번역돼서 사용되어 왔는데, 요즘은 '지구 위협 천체'라는 용어를 주로 사용한다.

태양계의 비밀을 간직하고 있는 중요한 연구 대상이지만 지구를 위협하는 잠재적 위험 요소로도 여겨지고 있는 소행성(특히 근지구 천체로서의 소행성)을 바라보는 또 다른 시각이 있다. 자원이라는 관점이다. 근지구 천체를 자원으로 바라보면 전혀 다른 이야기가 펼쳐진다. 2009년에 처음 설립되었고 2012년에 지금이 형태로 자리 잡은 플레네터리 리소스Planetary Resources라는 회사가 있다. 이른바 '행성 자원 회사'다. 소행성을 구성하고 있는 물질은 다양하다. 거의 암석으로만 이루어진 소행성부터 금속을 많이 함유하고 있는 소행성까지 구성 요소가 다양하다. 백금같이 드물고 비싼 금속이 주성분을 이루고 있는 소행성이 있다면 그 경제적 가치는 엄청날 것이다. 소행성은 엄청 많다. 무한한 자원의 보고인 셈이다. 소행성에 직접 가서 필요한 광물을 채굴해 지구로 가져오겠다는 것이 이 회사의 장기 계획이다. 당장은 기술적인 문제나 경제적인 문제 그리고 법적으로 해결해야 할 문제들 때문에 실현하기 어려울 수 있다. 현재 이 회사가 진행하고 있는 주된 사업은 소행성들, 특히 지구 가까이에 있는 근

소행성. 소행성은 태양계 소천체(Small Solar System Bodies) 중에서
표면에 가스나 먼지에 의한 활동성이 보이지 않는 천체를 말한다.
이 이미지는 2012년 소행성 DA14와 에타 캐리네 성운이며,
표시된 부분은 소행성의 경로를 강조한다.

지구 천체들의 구성 성분을 관측해서 목록화하는 것이다. 이런 작업을 위해서 값싼 우주 망원경을 개발해 시험 운영하고 있다. 소행성마다 어떤 광물과 원소를 갖고 있는지 먼저 파악해 두겠다는 것이다. 이 목록이 완전해질수록 사업을 진행하기 쉬워질 것이다.

이 과정에서 행성 자원 회사는 근지구 천체 중 지구 위협 천체를 감시하는 역할도 할 수 있다. 실제로 소행성에서 광물을 채굴하기 전에 이 회사는 우주 주유소를 먼저 건설하겠다는 구상도 밝혔다. 소행성의 자원 목록을 만든 후 실제로 소행성으로부터 산소나 수소 같은 원소나 물을 빼내서 튜브에 저장했다가 우주 탐사를 나서는 우주선에 공급하겠다는 것이다. 행성 자원 회사는 원소를 저장할 튜브 개발 연구도 진행하고 있다. 우주 주유소가 실현된다면 지구에서부터 우주 여행에 필요한 모든 자원을 갖고 출발하지 않아도 된다. 덜 무거운 우주선으로도 우주 탐사를 할 수 있다는 말이다. 우주 주유소에 가서 필요한 것을 보충하면 된다. 이럴 경우 몇몇 나라에 국한된 독립적인 우주 탐사가 더 많은 나라에서도 가능해질 것이다. 행성 자원 회사가 노리는 것이 바로 이 시장이다. 소행성 채굴의 미래 가치를 인지한 룩셈부르크는 국가 단위에서 행성 자원 회사에 투자했다. 벨기에도 소행성 채굴 사업에 뛰어든다고 한다. 연구와 감시의 대상이었던 소행성이 이제는 태양계 경제권의 시작을 알리는 미래 지향적 사업의 중심지로 부각되고 있다.

천문학자들은 농담 삼아서 6600만 년 전 소행성이 충돌했을 때 천문학자가 없어서 공룡들이 멸종했다고 말하곤 한다. 지금 우리 호모 사피엔스는 천문학자를 갖고 있기 때문에 멸종을 피할 수 있을 것이라고 덧붙인다. 천문학자들은 국제적인 협업을 통해서 지구 위협 천체를 감시하고 있다. '우주 감시'라는 명목 아래 여러 프로젝트가 지구 위협 천체를 찾아내고 그 궤도를 모니터링하는 프로젝트를 수행하고 있다. 중요한 것은 빨리 이런 천체를 발견하고 지구인들이 대책을 세울 시간을 버는 것이다. 빨리 발견한다는 것은 이들 천체가 지구에서 멀리 떨어져 있을 때 그 존재를 파악한다는 뜻이다. 멀리 떨어져 있을수록 어둡기 때문에 매우 어려운 작업이다. 가까이 다가왔을 때는 상대적으로 쉽게 발견할 수 있지만 대책을 세울 시간이 부족하다.

2020년 10월 1일, 크기가 1킬로미터보다 큰 근지구 천체는 902개가 발견되었다. 자구 최근접 거리가 0.05AU 이내면서 지름이 140미터 이상인 지구 위협 천체는 2123개가 발견되었다. 1킬로미터 이상인 지구 위협 천체는 158개에 이른다. 미국 NASA는 2020년까지 크기가 140미터보다 큰 지구 위협 천체의 90퍼센트를 발견하겠다는 계획을 갖고 있다.

앞서 이야기한 것처럼 지구 위협 천체 감시 프로젝트에서 가장 중요한 것은 이들 천체를 빨리 발견하는 것이다. 그리고 정확한 정보를 파악하는 것이다. 이와 관련하여 최근에 좋은 소식이 하나 있었다. 미국 NASA 제트 추진 연구소의 소행성 추적 프로젝트 수석 연구원인 에이미 메인저 박사 연구팀은 최근 작은 근지구 천체를 더 효과적으로 발견할 수 있는 방법을 알아냈다. 근지구 천체는 원래 크기가 작고 어둡기 때문에 조금만 멀리 떨어져 있어도 발견하기가 힘들다. 메인저 박사 연구팀은 눈에 보이는 관측 대신 적외선 관측을 시도했다. 소행성이나 혜성 같은 천체는 태양에 접근하면 뜨거워지고, 그 결과 적외선 파장 영역에서 빛을 더 내게 된다. 이런 근지구 천체의 물리적 특성에 착안해서 연구팀은 우주 공간에 떠 있는 NEOWISE 우주 망원경을 사용해 적외선 관측을 수행했다. 적외선에서 방출되는 에너지를 관측하고 계산하면 이들 천체의 질량, 크기, 구성 성분, 표면의 상태 같은 물리량을 효과적으로 알 수 있다. 크기가 작고 어두운 근지구 천체의 관측도 용이하다.

지구 위협 천체를 빨리 발견하는 것 못지않게 중요한 것이 이 천체들의 크기나 질량 같은 물리량을 정확하게 측정하는 것이다. 그래야 정확한 궤도를 계산할 수 있고, 이를 바탕으로 지구와의 충돌을 막을 현실적인 방안을 강구할 수 있다. 빨리 발견하면서도 자세히 관측한다는 것은 형용 모순 같아 보인다. 하지만 소행성과 혜성과 태양의 상호 작용의 이해를 바탕으로 한 적외선 관측은 이 두 가지 요구 조건을 만족시킬 것으로 기대된다. 현재 진행하고 있는 근지구 천체 모니터링 프로젝트와 상보적으로 시너지를 낼 수 있을 것으로 여겨진다. 물론 이런 새로운 관측 전략은 소행성 관측의 오래된 목적인 태양계 기원 연구에도 큰 도움이 될 것이다. 다른 파장에서의 이들 천체에 대한 연구는 실체에 접근하는 다른 경로이기 때문이다. 공룡은 천문학자가 없어서 멸종했다는 농담이 호모 사피엔스는 천문학자가 있어서 소행성 충돌에 대비해 살아남았다는 전설이 되어 두고두고 인류 역사로 회자되었으면 좋겠다. '우주 감시'라는 큰 우산 아래 근지구 천체를 모니터링하는 천문학자들이 지금 이 순간, 바로 그런 일을 하고 있다.

✧ 새로 발견되는 외계 행성 ✧

시간에 따른 지구 대기의 역사는 지구 생명의 진화와 그 맥을 같이한 다. 지구가 처음 생성되었을 무렵의 지구의 대기는 주로 수소로 이루어 져 있었고 수증기와 메탄가스 그리고 암모니아가 섞여 있었다. 아직 생 명이 태동하기 전이다. 마찬가지로 외계 행성에서 생명의 증거를 발견 하기 위해서는 이처럼 외계 행성의 대기를 관측하는 방법이 있다. 과학 자들은 지구의 대기 모형을 확장해서 태양계의 다른 행성의 대기 모형 을 만들어 컴퓨터 시뮬레이션을 하는 연구를 하고 있다. 아직 초기 단 계이지만 언젠가 외계 행성에서의 생명 발견 프로젝트에 결정적인 기 여를 할 것이다.

'현재' 우리가 살고 있는 지구의 대기 중에 가장 큰 부피를 차지하고 있는 것은 질소다. 그다음으로 산소가 풍부하다. 이산화탄소는 사실 미량이지만 그 양의 변화에 따라 지구온난화 같은 큰 변화를 초래한다. '현재' 지구에 살고 있는 생명체에게는 이런 '현재'의 지구가 살기 좋은 곳이다. 순서가 바뀌었다. 이런 대기 환경에 적응하도록 진화한 생명이 '현재' 지구에 살고 있다고 표현하는 것이 정확할 것이다. 계속 '현재'를 강조한 이유는 우리가 '현재'라는 특수한 시점에 살고 있다는 사실을 쉽게 잊기 때문에 이 점을 거듭 자각하기 위해서다. 현재라는 시점을 살고 있는 우리는 현재의 상황이 늘 그래 왔고 앞으로도 그럴 것이라는 착각을 하면서 살아가고 있는 것은 아닐까. 과거가 있고 미래가 다가온다는 것은 누구나 다 아는 사실이다. 하지만 이런 시간의 변화를 늘 인지하고 자각하고 살아가지는 않는다. 지구의 대기와 생명을 이야기할 때도 이런 현재에 대한 인식이 작동한다. 지구의 대기나 생명을 이야기할 때는 꼭 시간의 흐름을 고려해야만 한다. 다시 말하자면 진화를 고려해야 한다는 것이다.

현재 지구 대기의 조성을 보면 질소와 산소가 그 대부분의 부피를 차지하고 있다. 하지만 과거의 지구 대기와 그에 따른 생명의 서식은 지금과는 많이 달랐다. 지구가 처음 생성되었을 무렵의 지구의 대기는 주로 수소로 이루어져 있었다. 여기에 수증기와 메탄가스 그리고 암모니아가 섞여 있었을 것이다. 아직 생명은 태동하지 않았다. 지각이 형성되는 시기까지 시간이 흐르면서 수소, 메탄가스, 암모니아가 지구의 대기에서 차지하는 비율이 줄어들었다. 질소는 꾸준히 증가했고, 이산화탄소의 양도 증가하기 시작했다. 바다가 형성될 무렵부터 이산화탄소의 양이 줄어들었다. 생명이 태동했고, 풍부한 이산화탄소 덕분에 식물이 번성했다. 식물의 번성은 활성 산소의 증가로 이어졌다. 이윽고 산소로 호흡하는 동물들이 번성하기 시작했다.

시간에 따른 지구 대기의 역사는 당연히 지구 생명의 진화와 그 맥을 같이한다. 과거의 지구 대기는 관측된 증거를 바탕으로 재구성할 수 있다. 지금까지 알려진 관측 결과를 경험치 입력 값으로 하고, 물리 법칙과 화학적 반응식을 바탕으로 시간에 따른 지구의 대기 모형을 만들 수 있을 것이다. 이런 모형은 지구 대기의 변화에 대한 여러 가지 실험을 해 볼 수 있는 장을 만들어 미래의 지구 대기를 예측하는 데도 도움이 될 것이나. 지구 문명의 결과로 만들어진 오염 물질이 미래의 지구 대기에 미치는 영향 같은 것은 좋은 연구 주제가 될 것이다. 당연히 지구 대기의 변화에 따른 생명의 진화, 또는 역으로 생명의 진화에 따른 지구 대기의 변화에 대한 연구도 가능할 것이다. 현재의 지구 대기라는 하나의 사실을 바탕으로 여러 가능한 지구의 대기에 대한 폭넓은 연구를 할 수 있다.

이처럼 지구 대기 모형은 지구에 관한 여러 궁금증을 해소하는 적합한 도구일 것이다. 하지만 여기에 국한되지는 않는다. 외계 행성의 대기 연구에도 큰 역할을 할 것이다. 특히 외계 행성의 대기 조성 연구를 통해 외계 생명체에 대한 힌트를 얻을 수 있다. 외계 생명체에 대한 관심이 높아지면서 과학자들은 지구의 대기 모형을 확장해서 태양계의 다른 행성의 대기 모형을 만들어 컴퓨터 시뮬레이션을 하고 있다. 태양계 내의 다양한 행성과 위성의 대기 특징을 살펴보면 이들 천체에 대한 이해를 높일 수 있는데 특히 생명의 존재 여부를 알 수 있을 것이다. 현재 시점뿐 아니라 과거 어느 시점의 생명 존재 여부도 알 수 있다. 아직은 요원한 일이겠지만 생명의 태동에 대한 이야기를 할 수 있는 날이 올지도 모른다.

일각에서는 화성에 한때 물이 흐를 정도의 따뜻한 대기 상태가 존재했을 것이라는 추론을 확인하려는 시도도 있었다. 또한 토성의 위성인 타이탄의 대기는 지구의 원시 대기와 닮아서 많은 과학자들의 관심 대상이다. 행성의 대기 모형을 통한 시뮬레이션 연구는 외계 행성 연구에서 그 위력을 발휘할 조짐이 보인다. 케플러 우주 망원경의 관측을 통해 확인된 외계 행성의 수가 급격하게 늘었다. 이를 바탕으로 행성에 대한 여러 연구가 가능해졌다.

외계 행성 중 생명이 살 수 있는, 또는 살고 있는 행성을 찾는 작업이 중요한 연구 주제로 떠오르고 있다. 생명의 증거를 발견하기 위해서는 여러 가지 방법을 사용할 수 있다. 그중 하나가 외계 행성의 대기를 관측하는 것이다. 대기의 조성비에서 생명의 흔적을 찾을 수도 있다. 지구 대기의 조성비 변화에는 생명의 출현과 멸절이 뒤따랐다. 외계 행성의 대기에도 그런 진화의 역사가 남아 있을 것이다. 완성도 높은 행성 대기 모형을 바탕으로 컴퓨터 시뮬레이션을 하고, 한편에서 외계 행성의 대기를 정밀 관측한 후 두 결과를 비교해서 외계 생명의 존재 여부를 확인할 수 있을 것이다. 시간에 따른 대기의 변화를 시뮬레이션하면 관측된 외계 행성의 대기가 그 행성의 진화의 어느 단계인지, 어떤 생명이 그 행성에 존재하는지 알 수 있을 것이다.

물론 이런 예측은 지극히 낙관적이다. 예를 들어 어떤 외계 행성에 산소가 존재한다는 것이 그 행성의 대기의 분광 관측을 통해 밝혀졌다고 하더라도 그것이 곧 직접적인 생명의 증거는 될 수 없다. 산소를 만들어 내는 다른 메커니즘이 존재할 수 있기 때문이다. 앞으로 이런 모호함을 없애는 관측과 시뮬레이션 기법 또한 진화할 것이다. 현재는 행성 대기 모형과 외계 행성의 대기 관측 모두 초기 단계의 모색 수준에 머물고 있지만 행성 대기 모형은 결국 외계 행성에서의 생명 발견 프로젝트에 결정적이고 큰 기여를 할 것이다.

2019년 3월, 〈천체 물리학 저널〉에는 흥미로운 논문이 실렸다.[21] 미국 캘리포니아 주립대의 에드워드 슈위터먼 박사 연구팀은 '태양계 너머에 존재하는 생명을 탐사할 때 생명이 존재하지 않는다는 지표로 일산화탄소의 존재를 사용해 왔는데, 그 관점을 재검토하자'고 주장했다. 일산화탄소를 생각하면 아마 죽음을 떠올릴 것이다. 일산화탄소에 중독된 이들이 죽거나 치명상을 입는 것을 일상에서 봐 왔기 때문이다. 천문학자들도 행성의 대기에서 일산화탄소가 발견되면 이를 생명이 존재하지 않는 것을 알려 주는 지표라고 생각해 왔다. 그런데 그렇지 않을 가능성이 있다는 것을 이 논문은 지적하고 나선 것이다.

슈위터먼 박사 연구팀은 행성 대기 모형 시뮬레이션으로 일산화탄소가 생명의 표식이 될 수 있는 두 가지 가능성을 발견했다. 첫 번째 시나리오는 지구의 과거 대기 상태에 바탕을 둔 발견으로부터 나왔다. 현재 지구의 대기에는 산소가 풍부하다. 일산화탄소는 대기 중의 화학 반응에 의해서 쉽게 빨리 파괴되기 때문에 현재의 지구 대기에 축적되기가 어렵다. 하지만 30억 년 전의 지구는 완전히 다른 세상이었다. 바다가 형성되어 있었고 그곳에는 미생물들이 살고 있었다. 대기에는 산소가 거의 없는 상태였다. 태양은 지금보다 어두웠다. 연구팀의 시뮬레이션 결과에 따르면 현재보다 엄청나게 많은 양의 일산화탄소가 당시의 지구 대기에 존재했다. 이 말은 태양 같은 별 주위에 산소가 거의 없지만 일산화탄소가 풍부한 행성에 생명이 존재할 수 있다는 것이다. 지구의 과거 대기 상태 연구를 바탕으로 다른 행성에서 생명의 표식을 찾아내는 방법론에 대한 좋은 예가 될 것이다. 슈위터먼 박사 연구팀의 두 번째 시나리오는 조금 더 고무적이다. 지구로부터 불과 4.2광년 떨어져 있는 센타우루스 자리 프록시마 별같이 작은 별 주위를 도는 행성 중 거주 가능 지역에 속하고 산소가 풍부한 행성이 있다면 그 행성의 일산화탄소 함량은 굉장히 높을 것으로 시뮬레이션 결과 나타났다.

이처럼 환경 조건이 다른 두 시스템에서 관측되는 일산화탄소는 통상적으로 생각해 온 것처럼 생명이 없다는 증거가 아니라 오히려 생명의 지표가 될 수 있었다. 물론 여기서 말하는 생명은 미생물 정도의 생명체를 말한다. 인간을 비롯해 현재 지구에서 살고 있는 생명에게 결코 유리한 조건은 아닐 것이다. 일산화탄소를 관측해서 생명의 지표를 발견한다고 하더라도 그것이 외계 지적 생명체의 존재를 말하는 것은 아니다. 일단 미생물 단계의 생명 존재 가능성에 대한 지표로서 일산화탄소 검출이 중요하다. 한편 지구의 오염 물질 같은 것들을 외계 행성의 대기에서 발견한다면 외계 지적 생명체의 존재에 대한 힌트로 받아들일 수도 있을 것이다. 실제로 센타우루스 자리 프록시마별 주위를 도는 행성이 발견됐다. 거주 가능 지역 내에 속하는 지구와 비슷한 암석질 행성인 것으로 알려져 있다. 좋은 연구 대상이 될 것이다. 하지만 결과를 얻으려면 조금은 더 기다려야 할 것 같다. 현재의 관측 장비로는 명확한 관측 데이터를 얻기 힘들다. 2021년 12월 25일 발사된 제임스웹 우주 망원경을 비롯한 차세대 관측 장비를 통해 외계 행성에 대한 정밀한 관측 자료가 쌓이고, 지구 대기에 대한 더 깊은 이해를 바탕으로 더 정교한 시뮬레이션이 이루어진다면 외계 행성에서 생명을 발견하는 날이 꼭 오리라 생각한다. 상식적인 관행에 얽매이지 않고 열린 자세로 모든 가능성을 탐구하는 게 과학에서 중요하다는 것이 이번 연구 결과의 교훈이기도 하다.

✧ 지구를 닮은 프록시마b ✧

우리는 운이 좋았다. 가장 가까운 항성계에서 거주 가능 지역에 존재하는 외계 행성을 발견했는데 알고 보니 그 행성이 지구와 비슷하기까지 하다. 프록시마b의 질량은 지구 질량의 1.27~1.3배, 크기는 최소한 지구의 1.1배 정도 될 것으로 추정되고 있다. 지구와 물리적인 조건이 비슷하다는 것은 지구와 마찬가지로 비슷한 경로를 거쳐서 생명체가 탄생하고 진화했을 가능성을 높여 주는 좋은 징후라고 할 수 있다. 프록시마b에 대한 관측은 이제 막 시작되었다.

2016년 8월, 과학 저널 〈네이처〉에는 '센타우르스 프록시마 주변 온대 궤도에 있는 지구 행성 후보'라는 제목의 논문이 실렸다.[22] 영국의 런던 퀸 메리 대학교의 길렘 앙글라다-에스쿠데 박사를 포함한 31명의 천문학자들이 공동 집필한 4쪽짜리 논문이다. 저널이 정식으로 발간되기 하루 전에 인터넷판으로 먼저 공개되었는데 〈뉴욕 타임스〉는 '또 다른 지구일지도 모르는 저 너머의 별'이라는 헤드라인으로 이 논문을 소개했다. 〈더 텔레그래프〉는 '프록시마b: 외계 생명체는 알파 센타우르스 시스템에서 가장 가까운 별을 공전하는 두 번째 지구에 존재할 수 있다'라고 헤드라인을 뽑았다. 국내 언론에서는 '제2의 지구?…지구 닮은 최단거리 행성 프록시마b 발견'이나 '지구인 이주 후보 1순위, 프록시마b 발견' 같은 제목을 달았다. 논문 제목을 그 의미대로 건조하게 풀어 보면 '센타우르스 자리 프록시마 별 주위를 적절한 궤도로 돌고 있는 암석질 행성 후보' 정도가 되겠다. 언론 보도를 거치면서 '또 다른 지구' '두 번째 지구' '외계 생명체 존재 가능성' '이주 후보 1순위' 같은 단어가 퍼져 나갔지만 말이다.

이번에 발견된 '프록시마 센타우리b' 또는 '프록시마b'는 센타우르스 자리에 있는 프록시마라는 별 주위를 돌고 있는 행성이다. 외계 행성을 집중적으로 찾기 위해서 2009년 케플러 우주 망원경이 발사된 후 수많은 외계 행성이 발견되었다. 2020년 10월 1일까지 공식적으로 확인된 외계 행성만 따져도 4354개에 달한다. 프록시마b도 그중 하나다. 그런데 왜 과학자들과 언론에서 이토록 흥분하는 것일까. 이 행성을 발견한 망원경을 보유한 유럽남천문대의 보도 자료 제목은 '(지구에서) 가장 가까운 별 주위의 거주 가능 지역 내에 존재하는 행성 발견'이었다. 답은 이 제목 속에 들어 있다.

프록시마b가 속해 있는 센타우르스 자리 프록시마 별은 우리 태양계에서 가장 가까운 별인데 4.2광년 떨어져 있다. 빛의 속도로 4.2년을 가야 도달할 수 있는 거리다. 빛은 1초에 30만 킬로미터를 움직이니 40조 킬로미터에 해당한다. 가장 가깝다고는 하지만 현재 우주 탐사선 기술로는 몇만 년을 가야 도달할 수 있는 어마어마한 거리다. SF와 현실 사이의 벽은 높지만 비교적 그나마 가깝다는 이유 하나만으로도 많은 기대를 갖게 한다. 항성 간 우주 탐사를 할 때 첫 번째 목적지로 가장 가까운 항성계를 선택하는 것은 자연스러운 결정이다. 그곳에 행성까지 있다면 마다할 이유가 없을 것이다. 앞서 소개한 러시아의 부호인 유리 밀너는 태양으로부터 4.37광년 떨어진 센타우르스 자리 알파별에 우주 탐사선을 보내겠다는 야심찬 계획을 발표했었다. 이 프로젝트의 전체 예산은 약 6조~11조 원이 될 것으로 예상된다.

센타우르스 자리 알파별이라고 통칭해서 부르지만 이 별은 사실은 하나의 별이 아니라 알파 센타우리A 별과 알파 센타우리B 별 그리고 프록시마 센타우리 별로 이루어진 항성 시스템이다. 그렇다. 세 개의 항성(별)으로 이루어진 항성계다. 외계 행성 프록시마b의 모성인 프록시마 별도 바로 이 시스템에 속해 있다. 태양에서 가장 가까운 항성 시스템을 향해서 우주 탐사선을 보내겠다고 발표한 지 몇 달 후에 그곳에서 행성까지 발견되는 행운까지 따랐으니 이 브레이크스루 스타샷 프로젝트를 추진하는 데 탄력을 받을 것으로 예상된다. 프록시마b가 발견된 후 프로젝트의 수행 리스트에 프록시마b를 직접 관측하는 계획이 추가되었다.

센타우르스 자리 알파별까지 20~30년 만에 나노 우주선을 보내겠다는 것이 스타샷 프로젝트의 목표다. 현재 가장 빠른 우주 탐사선으로 몇만 년은 족히 걸리는 거리를 어떻게 그렇게 빠른 시간에 가겠다는 것일까. 아주 작고 가벼운 스타칩 나노 우주선에 그 비밀이 있다. 스타칩은 아이폰 정도의 비용으로 제작할 수 있는 카메라와 통신 장치 등을 갖춘 나노 우주선인데 이 우주선 수천 개를 얇은 방패연처럼 생긴 우주 돛대에 달아서 알파 센타우리로 보낸다는 것이다. 먼저 우주 돛대를 단 스타칩 나노 우주선을 로켓에 실어서 우주 공간에 띄워 놓는다. 그런 후 지구상에 설치된 전파 안테나에서 기가와트급의 출력으로 레이저를 발사해서 우주 돛대를 밀어서 가속하면 서서히 속도가 증가해서 스타칩 나노 우주선의 속도는 빛의 속도의 15~20퍼센트 정도까지 도달할 수 있다. 이런 구상이 실현된다면 4.37광년 거리를 20~30년 만에 갈 수 있을 것이다. 2036년에 스타칩 나노 우주선을 발사하는 것을 1차 목표로 삼고 있다고 하니 이번 세기 말에는 프록시마 b의 모습이 담긴 사진을 보는 날이 올 것 같다. 가장 가까운 외계 행성인 프록시마b의 발견에 우리가 이토록 흥분하는 이유다.

프록시마b의 발견이 던진 두 번째 키워드는 '거주 가능 지역'이다. 거주 가능 지역의 정의는 점점 더 정교해지고 복잡해지

프록시마b. 지구에서 약 4광년 떨어진 센타우르스 자리에 있다.

고 있지만 보다 고전적이고 직관적으로 정의해 보자. 어떤 별로부터 점점 더 멀리 떨어질수록 그 별로부터 받는 에너지가 줄어든다. 별로부터 가까운 행성은 뜨거울 것이고 멀리 떨어진 행성은 그 표면이 차가울 것이다. 별에서 떨어진 거리에 따른 온도 분포를 그려 보면 행성의 표면에 얼지 않은 액체 상태의 물이 존재할 수 있을 정도의 온도를 유지하는 지역이 존재할 것이다. 이런 지역을 거주 가능 지역이라고 한다. 거주 가능 지역에 위치한 행성의 표면에는 액체 상태의 물이 존재할 가능성이 높다. 물은 잘 알려진 것처럼 생명의 태동과 번성에 깊은 관계를 갖고 있다. 어떤 행성이 거주 가능 지역에 속해 있다면 표면에 바다가 존재할 것으로 기대할 수 있고 따라서 생명체의 존재에 대한 개연성 있는 기대도 할 수 있다. 태양계의 거주 가능 지역에 바로 지구가 위치해 있다. 금성은 거주 가능 지역의 안쪽 끝자락에 살짝 걸쳐 있거나 혹은 벗어나 있다. 화성은 거주 가능 지역의 바깥 끝자락에 역시 살짝 걸쳐 있거나 벗어나 있다.

프록시마b의 모성인 프록시마 별은 태양과 비교하면 아주 작은 별이다. 태양 질량의 12퍼센트 정도이고 그 크기도 태양의 14퍼센트에 불과하다. 표면의 온도도 태양에 비해서 3000도 정도 낮은 3042도 정도가 된다. 밝기도 태양의 0.15퍼센트 정도밖에 되지 않는다. 나이는 태양과 비슷하다. 태양보다 작고 어두운 프록시마 별의 거주 가능 지역은 태양계의 것보다 별에 훨씬 더 가까운 곳에 형성되어 있다. 바로 이 프록시마 별의 거주 가능 지역 내에서 프록시마b라는 행성이 발견된 것이다. 거주 가능 지역에 존재하는 행성이니 표면에 액체 상태의 물이 존재할 가능성이 높다. 바다가 존재한다면 생명체가 탄생해서 살고 있거나 한때 존재했을 개연성도 높다. 프록시마b가 특별히 주목받는 이유다.

우리는 운이 좋았다. 가장 가까운 항성계에서 거주 가능 지역에 존재하는 외계 행성을 발견했는데 알고 보니 그 행성이 지구와 비슷하다면 정말 운이 좋다는 말밖에 할 말이 없을 것이다. 프록시마b를 더욱 특별하게 만드는 것은 그 모습이 지구와 비슷하다는 것이다. 프록시마b의 질량은 지구 질량의 1.27~1.3배 정도 된다. 크기도 최소한 지구의 1.1배 정도 될 것으로 추정된다. 지구와 물리적인 조건이 비슷하다는 것은 지구와 비슷한 경로를 거쳐서 생명체가 탄생하고 진화했을 가능성을 보이는 좋은 징후다.

프록시마b에 대한 관측은 이제 막 시작되었다. 자전축은 얼마나 기울어져 있는지, 실제로 표면에 액체 상태의 물이 존재하는지, 대기는 존재하는지 아직 자세한 내용은 모른다. 대기 속에 생명체의 흔적을 보여 주는 분자들이 있는지도 살펴봐야 한다. 외계 지적 생명체가 존재하는지 전파 망원경으로 살피는 작업도 계획하고 있다. 이미 프록시마b에 대한 많은 후속 연구들이 기획되고 있거나 시작되었다. 우리는 곧 이 멋진 외계 행성에 대해서 많은 정보를 얻게 될 것이다. 어쩌면 화성보다 먼저 프록시마

b에서 외계 생명체의 흔적을 찾을지도 모른다는 성급한 기대가 나오는 것도 무리가 아니다.

하지만 프록시마b가 태양과는 확연하게 다른 별 주위를 돌고 있는 만큼 지구와는 다른 조건에 노출되어 있다는 점도 잊지 말아야 한다. 모성에 아주 가깝게 형성되어 있는 거주 가능 지역에 위치하고 있기 때문에 공전 주기가 짧을 수밖에 없다. 실제로 프록시마 b의 공전 주기는 11.2일에 불과하다. 1년이 11일 남짓이라는 이야기다. 더구나 프록시마 b는 모성과 동조화되었을 가능성도 있다. 달이 지구와 공조 현상을 일으켜서 달의 자전 주기와 공전 주기가 같아진 것과 같은 원리다. 그렇다면 프록시마 b에서는 1년이 11일이면서 반은 낮이고 반은 밤이 지속될 것이다. 낮이 계속되는 5일 이상 계속 프록시마 별이 떠 있을 것이고 나머지 5일 이상 별이 뜨지 않을 것이다. 밤과 낮의 온도 차이가 극도로 차이가 날 것이다. 생명체의 탄생과 진화에 좋지 않은 조건이다. 하지만 밤과 낮이 교차하는 그 경계 지역에서 또 다른 형태의 생명체가 존재할지도 모르는 일이다.

프록시마b는 꿈의 행성인가? 나는 지금까지 밝혀진 것만 따져 봐도 이미 그렇다고 말하겠다. 21세기는 꿈의 행성 프록시마b의 시대가 될 것이다. 확신한다. 이제 시작이다.

7장

외계 생명체의 과학

✧ 외계인을 찾는 SETI의 과학 ✧

우리들의 존재를 좀 더 적극적으로 외계 지적 생명체에게 알려야 할까? 수동적으로 외계 지적 생명체의 인공적인 신호를 포착하는 탐색조차도 위험하다고 난색을 표하는 소수의 과학자도 있다. 스티븐 호킹 박사도 괜히 우리 존재가 외부에 먼저 알려져 혹시라도 멸종할지도 모른다고 우려했다. 하지만 거의 대부분의 과학자들은 별문제 없다는 입장이다. 텔레비전, 라디오, 휴대폰같이 의도와는 상관없이 지구를 벗어나는 인공 전파 신호도 통제하자는 작은 목소리가 있지만 가능한 일이 아니다. 논의의 핵심은 의도적으로 외계 지적 생명체를 향해 인공적인 전파 신호를 만들어 보내는 작업에 있다.

외계 지적 생명체를 탐색하는 과학적 작업을 통칭해 '세티 Search for Extra-Terrestrial Intelligence, SETI'라고 한다. 지구 밖에 존재할 지적 능력을 가진 외계 생명체를 찾아보려는 작업이다. 이런 연구를 수행하는 과학자를 세티 과학자라고 부른다. 몇 갈래로 프로젝트가 진행되고 있지만 주된 작업은 전파 망원경을 사용해 외계 지적 생명체가 보냈을 인공적인 전파 신호를 포착하는 것이다.

150년 전쯤 외계인 천문학자가 전파 망원경을 사용해 지구를 관측했다고 생각해 보자. 당시 지구에는 인공적인 전파를 만들어 내는 텔레비전, 라디오, 휴대폰 같은 장치가 없었다. 지구는 태양의 빛을 반사해 그 존재를 알리는 천체인 행성이다. 눈에 보이는 가시광선뿐 아니라 전파를 비롯한 모든 파장의 빛도 반사를 한다. 외계인 천문학자는 그들의 망원경을 사용해 태양 빛을 반사한 지구를 관측할 것이다. 전파 망원경을 사용하면 지구가 반사하는 전파를 수신할 수 있을 것이다. 외계인 천문학자의 전파 망원경에 지구로부터 온 전파가 포착됐다고 해 보자. 이 전파 신호는 오로지 태양의 전파를 반사한 지구의 전파 신호일 것이다. 자연적 전파 신호인 것이다. 150년 전의 외계인 천문학자는 지구에서 인공적인 전파 신호가 포착되지 않는다는 점을 바탕으로 지구에는 전자 기기를 만들어 낼 만한 문명이 존재하지 않는다는 결론을 내렸을 것이다. 지적 생명체가 지구에 존재한다 하더라도 그들은 전파를 송수신할 만한 인공적인 장비를 갖추지 못했다는 결론을 내릴 수도 있다.

외계인 천문학자가 지금 지구를 관측한다고 생각해 보자.

150년 전과는 다르게 텔레비전, 라디오, 휴대폰 같은 전자 장치에서 발생한 인공적인 전파 신호가 자연적인 전파 신호와 함께 관측될 것이다. 지구에서 외계 지적 생명체를 향해 송신한 의도적인 전파 신호도 포착할 수 있을 것이다. 외계인 천문학자는 이런 관측 결과를 바탕으로 지구에는 지적 능력을 갖고 있는 생명체가 존재해 전자 기기를 만들어 냈다고 추론할 것이다. 지구에 지적 생명체가 살고 있다는 결론인 것이다. 이런 논리를 바탕으로 세티 과학자들은 전파 망원경을 사용해 외계 지적 생명체가 만들어 냈을 인공적인 전파 신호를 포착하려는 작업을 하고 있다. 과학적인 세티 프로그램의 대부분은 전파 망원경을 사용한 인공적인 전파 신호 포착에 초점이 맞춰져 있다.

세티 프로젝트가 성공하기 위한 여러 가지 필요 충분 조건이 있다. 그중에서도 외계 지적 생명체들이 인위적인 전파 신호를 많이 발생시키는 것이 가장 중요하다. 그런 의미에서 세티 과학자들은 자신들에게 질문을 던지기 시작했다. '의도와는 상관없이 텔레비전, 라디오, 휴대폰으로부터 발생한 인공적인 전파 신호가 지구 밖으로 나갈 것이다. 좀 더 적극적으로 우리들의 존재를 외계 지적 생명체에게 알려야 할 것인가' 하는 논쟁이 벌어졌다. 의도적으로 만든 인공 전파 신호를 보낼 것이냐 하는 문제다.

일반인들에게 잘 알려진 것처럼 스티븐 호킹은 세티 프로젝트에 신중하게 접근해야 한다는 견해를 보인 바 있다. 호킹은 세티 프로젝트를 누구보다 잘 알고 지지하는 과학자였다. 이 주제로 책을 쓰기도 했다. 호킹 박사가 걱정하는 맥락은 그 바탕이 되는 가치관을 살펴봐야 이해할 수 있다.

그는 인류의 미래를 어둡게 전망했다. 인류는 탄소 화합물을 기반으로 한 생명체다. 우주 여행을 하는 데 적합한 형태는 아니다. 호킹 박사가 생각하기에 지구에 살고 있는 인간을 비롯한 생명체의 미래는 밝지 않았다. 여러 자연적 · 인위적 재앙 때문에 인류 멸망은 언제든 가능하다고 봤다. 호기심 많은 그에게 우주는 넓고 지구는 좁고 인생은 더 짧으니 답답한 마음이 있었을 것이다. 우주로 나아가 우주와 호흡하고 싶은 것이 호킹 박사의 솔직한 심정이었을지도 모른다. 그는 인류가 우주를 여행할 수 있는 거의 유일한 방법은 기계와 결합한 형태의 신인류로 거듭나는 것이라는 생각에 가닿아 있었다. 그런 일이 벌어지려면 기술적인 발달도 있어야 하지만 시간도 필요하다. 물론 가능한 일인지도 가늠할 수 없긴 하다. 어쨌든 시간이 필요하다.

인공적인 전파 신호를 포착하는 세티 프로젝트나 의도적이든 의도하지 않았든 지구에서 발생한 인공적인 전파 신호가 외계 지적 생명체에게 포착됐을 때 생길 수 있는 위험 요소가 있을 것이다. 가장 비약적인 상상은 외계 지적 생명체들이 의도했건 의도하지 않았건 지구를 위협하게 되는 경우다. 호킹 박사의 입장은 기계 인간으로 인류가 진화해 우주 여행을 마음껏 하고 우주로 뻗어 나가고 싶은데 괜히 외계 지적 생명체에게 우리 존재가 알려져 혹시라도 문제가 일어나 멸종할지도 모른다는 우려였다. 당분간 조심하면서 조용히 지내자는 것이다.

호킹 박사가 발언을 하면 많은 사람들이 관심을 갖곤 했다. 소수지만 수동적으로 인공적인 전파 신호를 수신하는 세티 프로그램 자체가 위험하다는 견해도 있다. 능동적으로 인공적인 전파 신호를 보내는 작업이 자칫 우리들 자신을 위험에 빠뜨릴지도 모른다는 두려움이 있었던 것도 사실이다. 호킹 박사의 발언이 이 여론을 일부 추동한 면도 있다. 세티 과학자들 사이에서도 인공적인 전파 신호를 의도적으로 보내는 것에 대한 논쟁이 일어났다.

수동적으로 외계 지적 생명체의 인공적인 신호를 포착하는 세티 프로젝트에 대해서도 두려움을 느끼는 소수의 과학자들이 있지만 거의 대부분의 세티 과학자들은 별문제 없다는 입장이다. 텔레비전, 라디오, 휴대폰같이 의도와는 상관없이 지구를 벗어나는 인공 전파 신호도 통제하자는 작은 목소리가 있지만 가능한 일이 아니다. 의도적으로 외계 지적 생명체를 향해 인공적인 전파 신호를 만들어 보내는 작업에 대한 논의가 문제의 핵심이다.

수동적인 세티 프로젝트와 달리 인공적인 전파 신호를 의도적으로 보내는 작업을 능동적 세티Active SETI라고 한다. 요즘은 이 용어보다는 '메티Messaging to Extra-Terrestrial Intelligence, METI'라는 용어를 보편적으로 사용하고 있다. 세티 과학자들 사이에서

아레시보 전파 천문대의 대형 전파 망원경.
1974년, 과학자들은 이 전파 망원경을 이용해 최초로 외계 지적 생명체를 향해
인공적인 전파 신호를 보냈다. 최근 노후화로 인해 붕괴되어 복구 논의에 들어갔다.

의도적인 인공 전파 신호를 보내는 문제가 본격적으로 논의되기 이전에 이미 여러 차례 인공적인 전파가 송신됐다. 1974년 푸에르토리코에 있는 아레시보 전파 망원경을 사용해 지구 밖으로 인공적인 전파 신호를 만들어 송신했다. 프랭크 드레이크를 비롯한 세티 과학자들이 작업에 참여했다. 잘 알려지지는 않았지만 1962년 금성을 향해 인공 전파 신호를 보내는 시도가 있었다. 아레시보 메시지를 보낸 이후 1999년의 코스믹 콜1 프로젝트를 비롯해 최소한 열 차례가 넘는 메티 프로젝트가 수행됐다. 세티 과학자들의 합의에 의해 조직적인 관측이 수행된 세티 프로젝트와는 달리 메티 프로젝트는 소수의 열정적인 세티 과학자들에 의해 주도됐다. 그런 만큼 메티 프로젝트에 대한 논쟁이 시작되는 것은 불가피한 일이었다.

　2010년 세티 연구소의 더글러스 바코치 박사가 메티 프로젝트에 대한 일부 세티 과학자들의 우려를 해소하는 방안으로 세티와 메티 프로젝트를 통합적이고 융합적인 토대에서 다시 고찰할 것을 촉구했다. 이 시점부터 간헐적으로 논쟁에 부쳐졌던 '메티 논쟁'이 시작됐다. 좀 더 논리적이고 체계적인 메티 논의가 시작된 셈이다.

　2015년에 열린 미국 과학진흥협회 회의에서 바코치를 비롯한 세티 과학자들이 모여 어떤 주체가 어떤 방식으로 인공적인 전파 신호를 송신할 것인가에 대한 구체적인 논의를 공개적으로 시작했다. 비슷한 시기에 캘리포니아 대학교 버클리 세티 연구소 앤드루 시미온을 포함한 세티 커뮤니티의 많은 사람들이 서명을 한 성명서가 발표됐다. '외계 지적 생명체에게 인공적인 전파 신호를 보내기 전에 전 세계적으로 과학적, 정치적, 인도주의적 토론을 거쳐야 한다'는 내용을 담고 있다. 세티와 메티 프로젝트가 세티 과학자들만의 전유물이 아니라 전 인류의 문제라는 인식을 표출한 것이다. 모든 세티 과학자들이 똑같은 의견을 갖고 있는 것은 아니다. 이 문제를 주도하고 있는 바코치나 시미온의 의견도 일정 부분 차이가 있다. 하지만 좀 더 많은 사람들이 논의에 참여해야 한다는 점에는 모두 동의하고 있다.

세티 연구소의 세스 쇼스탁 박사도 이 논쟁의 중심에 있는 인물이다. 역시 2015년 〈뉴욕 타임스〉에 이와 관련된 의견을 담은 칼럼을 썼다.[23] 그의 견해는 인터넷에 소통되고 있는 정보를 몽땅 송신하자는 것이다. 그것이 오히려 외계 지적 생명체에게 추론할 수 있는 적절한 데이터를 제공하는 것일 수 있다는 견해다. 여전히 메티 프로젝트에 대해 거리를 두려는 세티 과학자부터, 좀 더 적극적으로 인공적인 전파 신호를 보내는 것이 전 우주적인 세티 프로젝트에 동참하는 길이라고 촉구하는 메티 과학자까지 그 스펙트럼은 넓다.

2015년, 외계 지적 생명체에게 인공적인 전파 신호를 보내는 작업에 대한 논쟁이 본격적이고 광범위하게 시작된 이 문제를 좀 더 전문적이고 적극적으로 다루기 위한 국제 비영리 단체가 설립됐다. 바코치를 회장으로 미국 샌프란시스코에 본부를 둔 메티 인터내셔널META International이 출범한 것이다. 외계 지적 생명체에게 메시지를 보내는 주체에 대한 논쟁을 비롯해 그 시기와 방법 같은 주제가 이 단체가 다루는 주요 의제다. 인공적인 전파 신호를 보낸다면 어떤 내용을 담아야 할지에 대한 연구도 수행하고 있다. 과학적인 세티 프로젝트가 시작된 후 처음으로 세티와 메티 프로젝트가 과학자들의 제한된 작업을 넘어 전 인류의 보편적인 이슈로 나아가는 계기가 마련되었다. 필자도 메티 인터내셔널의 자문위원회 위원으로 활동하고 있다. 인공적인 전파 신호를 누가, 언제, 어떻게, 왜 보내야 할지에 대한 독자들의 의견이 궁금하다.

✧ 불가사의한 별빛의 패턴 ✧

불규칙적으로 커다란 밝기 변화를 일으키는 별이 하나 있다. 일명 '태비의 별.' 그 존재가 설명이 되지 않은 이 별을 둘러싼 각종 추측이 난무한다. 시민 과학자와 천문학자 들이 힘을 합쳐서 이 별의 밝기 변화에 대한 연구를 거듭했고, 2015년 9월부터는 논문을 발표하기 시작했다. 외계 지적 생명체가 만든 인공적인 구조물에 의해 별이 가려져서 생긴 것이라는 주장도 나왔는데 그 근거는 무엇일까? 해석의 모호함이 있는 천문 현상을 설명할 때 가능성이 없는 것을 하나씩 제외시키는 작업은 생각보다 중요하다. 경우의 수를 줄여 나가야 실체적 진실에 접근할 수 있기 때문이다.

'KIC 8462852'가 다시 돌아왔다. 일명 태비의 별Tabby's Star 또는 보야지언의 별Boyajian's Star 같은 별명을 가진 별이 화제의 중심으로 떠오른 것이다. 지구로부터 1470광년 정도 떨어진 이 별은 지구에서 볼 때 백조자리에 위치하고 있는 평범한 주계열성이다. 케플러 우주 망원경으로 관측한 자료를 일반인들이 참여해 분석하는 '행성 사냥Planet Hunters'이라는 시민 과학 프로그램이 있다. 일반인들이 케플러 우주 망원경이 관측한 별의 밝기 곡선을 보고 이상한 패턴이 있는지 직접 찾는 프로그램이다. 관측하는 별 앞을 행성이 지나가면 그 별의 밝기가 어두워질 것이다. 행성이 다 지나가고 나면 그 별의 밝기는 원래로 돌아올 것이다. 이런 현상이 케플러 우주 망원경 관측 자료에서 보이는지 일반인들이 '눈'으로 확인해 찾아보는 시민 과학 프로젝트다.

우리 눈(사실은 우리 뇌)은 패턴 인식에 적합하게 진화했다. 시민들이 직접 과학 자료의 분석에 참여하도록 유도하는 것이 행성 사냥 프로젝트의 첫째 목적이다. 때로는 중요한 발견이 이루어지기도 한다. KIC 8462852의 밝기 곡선이 이상한 패턴으로 변한다는 것이 발견되었다. 별의 밝기가 거의 22퍼센트 정도까지 어두워지는 현상이 관측된 것이다. 보통 별에 비해서 행성의 크기가 작기 때문에 행성이 별 앞을 통과하면서 가리는 면적 또한 작을 수밖에 없다. 따라서 보통 별의 밝기 변화는 아주 미미하다.

시민 과학자와 천문학자 들이 힘을 합쳐서 KIC 8462852의 밝기 변화에 대한 연구를 거듭했고, 2015년 9월부터는 논문을 발표하기 시작했다. 이 정도로 큰 밝기의 변화를 설명할 만한 뚜렷한 해석을 찾지 못했다. 더구나 별빛의 밝기 변화가 불규칙적이기까지 했다. 만족스럽지 못하지만 여러 가지 해석이 나왔다. 22퍼센트 정도로 어두워지게 하는 무엇인가가 있어야만 했다. 그것도 불규칙한 패턴으로 말이다. 거대한 먼지로 이루어진 고리가 별을 가린다는 제안이 나왔다. 별 주위에 (특히 별의 형성 과정 초기에) 거대한 먼지 고리가 형성되는 것은 흔한 현상이니 그럴듯한 설명이다.

하지만 여전히 큰 폭의 밝기 감소를 설명하기에는 먼지 고리의 규모가 물리적으로 매우 커야 한다는 문제가 제기되기도 했다. 밝기 변화의 패턴과 먼지 고리의 위상을 맞추는 것도 난제로 남았다. 별 내부의 열적 흐름에 따른 밝기 변화 시나리오도 제안되었다. 먼지 성분이 많은 차가운 혜성의 잔해가 수없이 많이 아주 많이 찌그러진 궤도를 돌면서 별을 가렸다는 해석도 나왔다. 역시 22퍼센트에 달하는 밝기의 감소를 설명할 만큼 많은 양의 혜성 잔해가 있을 수 있는지 의문이 제기되었다. 작은 질량을 갖는 무수히 많은 천체들이 별 주위를 돌고 있을 것이라는 시나리오도 나왔다. 어느 것 하나 만족스러운 해석이 되지 못했다. 그나마 현재로서는 별 내부에서의 열 전달의 효율 때문에 큰 폭의 밝기 변화가 생길 수 있다는 해석이 지지를 얻고 있다.

전혀 다른 해석도 나왔다. 외계 지적 생명체가 만든 인공적인 구조물에 의해 별이 가려져서 생긴 현상이라는 주장이다. '다이슨의 구'라는 것이 있다. 물리학자 프리먼 다이슨이 구상한 태양계 단위의 인공 구조물을 말한다. 에너지 문제는 늘 이슈다. 태양으로부터 오는 에너지를 충분히 저장할 수 있다면 지구에서 사용하는 에너지로 충분하고도 남을 것이다. 다이슨은 지구의 공전 궤도 밖을 둘러싸는 거대한 인공 구조물을 생각했다. 태양 에너지를 저장할 수 있는 장비를 갖춘 인공 위성이나 다른 인공 장비의 무리가 고리처럼 지구 공전 궤도 주위를 둘러싸면 어떻겠느냐는 것이다. 여러 개의 고리로 이루어지면 마치 지구의 공전 궤도를 둘러싸고 있는 공처럼 보일 수도 있을 것이다. 이런 인공적인 구조물을 다이슨의 구라고 부른다.

이 같은 인공 구조물을 만들 수만 있다면 지구의 에너지 공급 문제는 거의 틀림없이 해결될 것이다. 물론 다이슨의 구가 실현되기 위해서는 넘어야 할 산이 너무 많다. 과학 소설에서 가끔씩 '링 월드'라는 이름으로 묘사되는 우주 공간의 인공 구조물의 원형이 바로 다이슨의 구다. 실제로 외계 지적 생명체를 찾는 과학자들은 어떤 별 주변에 다이슨의 구가 존재한다면, 특히 적외선 영역에서 빛의 과잉 현상이 일어날 것이라는 점에 착안해서 적외선 과잉 천체를 찾아서 살펴보려는 노력을 하고 있기도 하다. KIC 8462852의 밝기 변화를 자연 현상으로 설명하려는 시도가 원활하지 못한 상황에서 혹시 외계 지적 생명체가 건설한 다이슨의 구 같은 거대한 인공 구조물에 의해서 이 별이 가려진 것 아닌가 하는 의심을 품은 것이다. 하지만 특별히 적외선 영역에서의 변화가 도드라지지는 않았다. 이 가설이 사실이려면

'태비의 별'을 그린 일러스트.
KIC 8462852를 공전하는 고르지 않은 먼지 고리를 묘사하고 있다.

외계 지적 생명체가 존재한다는 사실이 먼저 가정되어야만 하는 순환적 논리 문제도 있다. KIC 8462852의 밝기 변화는 그 원인에 대한 뚜렷한 결론을 내리지 못한 채 미해결 상태로 남아 있다. 밝기 변화에 대한 모니터링은 계속 진행되고 있다.

그런데 잠잠하던 KIC 8462852에 다시 관심이 집중되었다. 버클리 대학교 세티 연구소의 연구팀이 흥미로운 논문을 발표했기 때문이다.[24] 논문 제목은 '외계 생명체를 찾는 브레이크스루 리슨: 보야지언의 별의 레이저 분출'이었다. 연구가 진행되던 당시에 고등학생이었고 이후 프린스턴 대학교에 입학한 데이비드 리프먼이 이끄는 연구팀은 좀 다른 각도에서 이 이상한 별을 살펴봤다. 보야지언의 별은 앞서 언급했듯이 KIC 8462852의 다른 이름이다.

외계 지적 생명체를 찾는 현재 가장 큰 프로젝트가 '브레이크스루 리슨'이란 프로그램이다. 이 프로젝트는 러시아의 부호 유리 밀너가 기부한 예산으로 꾸려지며 10년 정도의 기간을 두고 외계 지적 생명체를 탐색하고 있다. 버클리 대학교 세티 연구팀이 이 프로젝트의 중심에서 연구를 수행하고 있다. 인공적인 레이저 신호를 살펴봄으로써 외계 지적 생명체가 존재하는지를 찾아봤다는 것이 논문의 내용이다.

연구팀은 릭 천문대 관측 장비를 사용해서 KIC 8462852로부터 오는 레이저 신호를 관측했다. 24메가와트보다 강한 연속적인 레이저 신호를 찾는 작업을 했다. 24메가와트라고 하는 한계점은 릭 천문대의 망원경과 관측 장비를 갖고 1470광년 떨어진 KIC 8462852에서 오는 레이저 신호를 포착할 수 있는 가장 낮은 출력을 고려해서 정해졌다. 이 정도의 출력 레벨은 현재 인류의 문명에서도 만들 수 있다. 우리만큼의 문명을 건설한 외계 지적 생명체가 존재한다면 이 정도의 레이저 출력은 쉽게 만들어 낼 수 있을 것이다. 더구나 우리가 인지할 수 있는 형태로 레이저 신호를 보낼 수 있을 것이다. 연구팀은 외계 지적 생명체가 보냈을지도 모르는 레이저 신호를 포착하기 위해서 릭 천문대에서 KIC 8462852를 대상으로 관측한 177개의 고분해능 분광 자료를 분석했다.

연구팀은 첫 번째 분석 결과 외계 지적 생명체가 보냈을 가능성이 있는 신호를 몇 개 포착했다. 두 번째 단계의 분석을 거친 결과 이들 중 일부는 우주 공간에서 날아온 우주선cosmic ray으로 판명되었다. 외계 지적 생명체가 보낸 레이저 신호일 가능성이 높았던 신호들은 모두 우주선이나 별의 방출선 또는 대기 중에서 발생한 방출선으로 판명되었다. 지금까지의 결론은 KIC 8462852에 살고 있을지도 모르는 외계 지적 생명체가 보냈을 레이저 신호를 포착하지 못했다는 것이다. 이번 결과만을 놓고 보자면 외계 지적 생명체는 없었다. 이 결과를 받아들인다면 일부에서 제기했던 다이슨의 구 같은 거대한 인공 구조물이 KIC 8462852를 가려서 상당한 규모의 밝기 감소 현상이 일어났다는 해석을 기각할 수 있을 것이다. 어쩌면 시시한 결론일 수도 있다. 하지만 해석이 모호한 천문 현상을 설명할 때 가능성이 없는 것을 하나씩 제외시키는 작업은 생각보다 중요하다. 그렇게 경우의 수를 줄여 나가야 실체적 진실에 접근할 수 있다. 그런 의미에서 버클리 대학교 세티 연구팀의 이번 논문의 결론은 큰 의미가 있다.

하지만 레이저 신호를 포착하지 못한 것이 외계 지적 생명체의 존재 자체를 부정하지는 못한다. 우리 인류 문명은 우주 공간을 향해 우리 자신을 알리기 위한 시도를 얼마나 적극적으로 했는지 되묻는 계기가 될 수도 있다. 어쨌든 여전히 오리무중인 KIC 8462852의 밝기 변화의 원인을 밝히려는 시도는 계속되고 있다. 이 연구팀처럼 좀 다른 각도에서 살펴보는 노력이 더 많이 필요할 것이다. 그렇게 하나씩 개연성이 떨어지는 해석을 지워 나가다 보면 언젠가는 KIC 8462852의 비밀을 밝혀내는 날이 올 것이다. 불규칙하고 큰 폭으로 밝기가 변하는 천체가 KIC 8462852만 존재하는 것은 아니다. EPIC 204278916 같은 별은 짧은 시간 동안 KIC 8462852보다 더 큰 폭의 밝기 변화를 보인다. 하지만 이 별은 아주 젊은 별로서 분명하게 원시 먼지 원반으로 둘러싸여 있기 때문에 원시 행성계나 젊은 별 주변에서 볼 수 있는 대규모의 먼지 원반을 기대하기 어려운 KIC 8462852와 직접 비교는 어려울 것이다. 한 가지 해석이 조심스럽게도 사라지게 됐지만 문제가 해결될 실마리는 아직 보이지 않고 있다. 이 별을 가리는 외적인 환경이 해석으로 만족스럽지 못하다면 별 내부의 변화 가능성에 대해서 좀 더 집중해 볼 필요도 있을 것 같다. KIC 8462852는 지금 이 순간에도 불규칙적이지만 밝기의 변화가 이어지고 있다.

미국 컬럼비아 대학교의 미겔 마르티네즈 박사 연구팀은 2019년 9월 영국 왕립천문학회 〈월간 보고〉에 실린 논문에서 KIC 8462852가 급격하게 어두워졌던 원인을 이 별에 속한 행성에서 이탈한 외계 위성 때문이라고 제안했다.[25] 이 가상의 외계 위성에서 나온 먼지와 얼음 등이 KIC 8462852의 원반에 쌓이면서 어두워졌다는 설명이다. 네브라스카 대학교의 에드워드 슈미트 박사는 2019년 7월 18일 〈천체 물리학 저널〉에 태비의 별처럼 비정상적으로 어두워지는 또 다른 21개의 별을 발견했다고 보고했다.[26] 조금씩 미스터리가 풀려 가고 있다.

✧ 생명체를 찾는 우주 생물학 ✧

우주 생물학을 연구하는 과학자들이 모여 외계 생명체 탐색 작업에 나서고 있다. 토성의 위성, 엔셀라두스는 2017년 외계 생명체의 존재 가능성을 한껏 높이는 관측 결과로 우주 생물학 연구의 중심에 다시 섰다. 미국 NASA는 이미 2015년에 엔셀라두스 생명체 탐사선 계획을 승인했다. 잠정적으로 2021년 12월 31일 이 탐사선을 발사할 계획을 세워 두고 있다. 엔셀라두스의 물기둥 근처를 몇 차례 초근접 비행하면서 생명체의 흔적을 찾아보겠다는 계획이다. 탐사선이 장착할 관측 장비는 단백질의 기본 요소인 (즉 생명의 기본 요소인) 아미노산의 존재 여부를 확인할 수 있도록 설계될 예정이다.

태양계 내에서 생명체가 발견된 곳은 지구가 유일하다. 아니, 전체 우주에서 지금까지 생명체가 존재한다는 것이 알려진 곳은 지구밖에 없다. 최근 들어서 '우주 생물학'이라는 우산 아래 다양한 학문 분야의 과학자들이 모여서 외계 생명체 탐색 작업에 나서고 있다.

2005년 카시니 탐사선이 보내 온 토성의 위성인 엔셀라두스의 남극 표면 사진에 하얗게 나온 빛줄기가 있었다. 수증기를 뿜어 내는 간헐천 100여 개가 발견된 것이다. 수증기에는 나트륨 화합물 등이 포함돼 있는 것으로 보이며 영하 200도의 기온에 분출되자마자 곧바로 얼음 알갱이로 변한다. 눈 같은 형태로 만들어진 일부 알갱이는 토성의 고리 'E'를 구성한다. 지구 밖 우주에서 간헐천이 발견된 것은 처음으로 과학자들은 엔셀라두스에 생명체가 살 가능성이 높은 것으로 보고 있다.

여러 해 전에 세티 연구소의 세스 쇼스탁 박사와 외계 생명체를 주제로 긴 대화를 한 적이 있었다. 긴 이야기 끝에 태양계 내에서 지구 이외에 생명체가 존재할 가능성이 있는 천체를 서로 꼽았는데 쇼스탁 박사는 6개의 천체를, 나는 7개의 천체를 선택했다. 외계 생명체 탐색은 그 무한한 가능성에도 불구하고 지구에서 생명체가 존재하는 지역과 자연 환경이 비슷한 지역에서 지구 생명체와 비슷한 생명체를 찾는 좁은 탐색이 될 수밖에 없다. 만약 지구 밖 어느 곳에서 생명체가 발견된다면 이런 좁고 제한된 외계 생명체 탐색의 범위를 획기적으로 넓힐 수 있을 것이다. 생명체가 존재할 수 있는 조건이라면 아주 단순화해서 에너지, 유기 화합물 그리고 액체 상태의 물이 갖춰져 있는 상태인

가로 요약할 수 있다. 지극히 지구 중심적인 발상이지만 우리에게는 다른 선택지가 없다. 일단 이 작은 가능성을 갖고 시작해야만 한다.

에너지, 유기 화합물 그리고 액체 상태의 물의 존재, 이런 조건을 만족하는 천체가 태양계에 몇 개나 있을까. 조건을 얼마나 엄격하게 적용하느냐에 따라서 달라지겠지만 6~7개 정도의 천체에 대해서 많은 과학자들이 동의할 것으로 생각한다. 쇼스탁 박사와 나는 화성, 금성, 토성의 위성인 타이탄과 엔셀라두스 그리고 목성의 달인 유로파, 가니메데, 칼리스토 이렇게 6개의 태양계 내 천체에 생명체가 살 가능성이 있다는 데 의견을 모았다. 나는 여기에 더해서 목성의 위성인 이오를 제안했다.

화성은 우주 생물학자 모두에게 꿈의 땅이다. 그동안 탐사 결과 땅 밑에 액체 상태의 물이 존재할 것으로 여겨지고 있다. 계절에 따라서 액체 상태의 물이 표면으로 흘러나온 것도 확인되었다. 2020년 7월에 발사된 NASA의 마스 2020 탐사선은 그동안의 증거를 바탕으로 생명체의 존재를 직접 확인하려는 계획을 세우고 있다. 굴착기로 화성의 땅을 파고 들어가면 살아 있는 미생물이나 박테리아가 있을 것으로 기대하고 있다. 금성은 좀 뜻밖일 것이다. 금성의 표면은 너무 뜨거워서 생명체가 살 수 없는 것으로 결론이 난 지 오래되었다. 하지만 표면으로부터 멀리 떨어진 금성의 대기 어느 곳은 생명체가 살기에 적합한 조건이 될 수 있다. 공중에 떠서 사는 일종의 부유 생명체가 존재할 수 있다는 것이다. 금성에 생명체가 살고 있을 가능성에 대해서 보통 높은 점수를 주지 않는데 쇼스탁 박사와 나는 이 부분에서는 의견이 잘 일치했다. 실제로 2020년 9월 17일 〈네이처 천문학〉에 금성의 대기에서 생명 현상을 나타내는 지표 중 하나인 포스핀을 발견했다는 발표가 있었다.[27]

목성의 위성들도 생명체 서식지 후보다. 유로파는 얼음으로 뒤덮인 표면 아래 지구의 바다보다 더 큰 바다를 갖고 있는 것으로 추정된다. 목성과 다른 위성들의 조석력, 즉 행성과 위성 간의 인력에 의해서 내부에 열에너지가 생기고 이 때문에 유로파의 내부에는 액체 상태의 물이 존재할 것으로 생각되고 있다. 다른 목성의 큰 위성인 가니메데와 칼리스토도 비슷한 환경 조건에 놓여 있다. 두꺼운 얼음 아래 광활한 바다를 가졌을 것이고 그곳에 생명체가 살고 있을 것으로 기대하고 있다. 나는 여기에 또 다른 갈릴레오 위성인 이오를 더했는데 무슨 이유에서인지 쇼스탁 박사는 이오를 제외했다.

토성의 위성인 타이탄도 과학자들이 주목하는 천체다. 지구 밖 천체 중 유일하게 표면에 액체로 가득한 호수를 (그리고 강과 바다를) 갖고 있다. 타이탄 표면의 온도가 너무 낮아서 액체 상태의 물이 존재할 수는 없지만 대신 메탄과 에탄이 흘러다니고 있다. 과학자들은 타이탄의 자연 환경이 지구 초기와 비슷하다는데 주목하고 있다. 표면 온도는 낮지만 해수면의 차이를 일으키는 조석력에 의해서 내부에서는 열원이 생겼을 것으로 생각되고 있다. 타이탄의 관측 결과가 지구에서 어떻게 생명체가 탄생했는지에 대한 실마리를 제공할지도 모른다는 기대를 갖고 있다. 이들 천체는 생명체의 존재 가능성을 높여 주는 새로운 결과가 나올 때마다 관심의 중심으로 떠올랐다. 이러한 관심 집중은 새로운 관측 결과를 따라서 한 천체에서 다른 천체로 옮겨 가곤 했다. 지금 이 순간 거의 모든 관심이 집중된 천체는 토성의 또 다른 위성인 엔셀라두스다.

엔셀라두스는 토성의 위성 중 여섯 번째로 큰 위성인 데다가 반사율이 높아 크기에 비해서 꽤 밝게 보인다. 그래서 1789년에 이미 윌리엄 허셜에 의해서 발견되었다. 하지만 1980년에 보이저 1호와 2호가 토성에 근접해서 관측한 사진을 보내 오기 전에는 그 실체가 다른 토성의 위성들처럼 장막 속에 가려 있었다. 엔셀라두스가 우리들의 관심의 중심에 들어온 것은 2005년 카시니 탐사선이 찍어서 보내 온 놀라운 사진 때문이었다. 카시니 탐사선은 엔셀라두스에 근접해서 여러 차례 궤도를 돌면서 그 표면을 관측했다. 엔셀라두스의 남극 지방에서 물이 기둥처럼 뿜어져 나오는 것을 발견했다. 카시니가 찍은 엔셀라두스 물기둥 사진은 바로 가장 임팩트 있고 충격적인 사진으로 자리매김했다. 지구 밖 천체에서 물이(아마 수증기 상태) 뿜어져 나오는 광경을 처음으로 목격한 것이다. 물론 엔셀라두스의 표면은 온도가 거의 영하 200도에 달할 정도로 춥기 때문에 바로 얼음 알갱이가 되었겠지만 말이다. 수증기와 나트륨 화합물 그리고 얼음 결정 같은 것으로 이루어진 물질을 내뿜는 일종의 간헐천이 100개가 넘게 발견된 것이었다. 이들 중 몇몇은 수증기를 일종의 눈 같은 상태로 공간으로 내뿜어서 토성의 E 고리를 형성하는 것으로 밝혀졌다. 그동안 베일에 싸였던 토성의 E 고리의 기원과 형성에 대한 결정적인 힌트를 얻게 되었다.

카시니 탐사선의 후속 관측에 의하면 엔셀라두스의 표면은 맑은 얼음으로 덮여 있지만 표면 아래에는 수심 10킬로미터 정도의 바다가 있을 것으로 추정되고 있다. 토성과 다른 위성들 사이의 조석력에 의해서 엔셀라두스 내부에 열이 발생하고 그 결과 표면 아래 거대한 액체 상태의 물로 이루어진 바다가 형성된 것으로 보인다. 간헐천을 지속적으로 관측한 결과 엔셀라두스 내부의 열이 밖으로 새어 나오고 있는 정황도 포착했다. 지질학적으로도 젊은 것으로 알려졌다. 특히 표면 얼음층 아래 해저 온천이 존재할 가능성이 확인되면서 엔셀라두스는 태양계 내에서 지구 다음으로 외계 생명체가 서식할 수 있는 가장 적합한 환경을 갖춘 천체로 부각했다.

2017년 4월 엔셀라두스가 여전히 외계 생명체 탐색의 정중앙에 있음을 확인하는 중요한 관측 결과가 〈사이언스〉에 발표되었다.[28] 카시니 탐사선 연구팀이 발표한 논문의 제목은 '엔셀라두스 기둥에서 분자 수소를 발견한 카시니: 수열 반응의 증거'였다. 조금 더 풀어서 말하자면 엔셀라두스의 물기둥에서 수소 분자를 발견했는데 그것은 수열 반응의 증거라는 것이다. 지금까지의 카시니 탐사선 관측 결과는 엔셀라두스의 표면 아래 액체 상태의 물로 된 바다가 존재하고 그 속에 생명체가 살 가능성이 있다는 쪽으로 모아지고 있었다. 그런데 이번에는 물기둥에서 직접 수소 분자가 관측되었다. 물기둥의 96~99퍼센트는 물로 이루어져 있고 나머지의 대부분은 0.4~1.4퍼센트에 이르는 수소 분자로 이루어져 있다는 것이다. 그런데 물기둥에서 발견된 상대적으로 풍부한 수소 분자는 얼음 아래 형성된 바다와 표면 지각의 암석에 있는 유기 화합물과 광물 성분 사이에서 일어날 수 있는 수열 반응에 의해 생겼을 것으로 추정한다는 것이다.

과학자들이 여기에 특히 주목하는 이유는 이런 현상이 지구에서는 심해 열수구에서 일어나기 때문이다. 심해 열수구는 뜨거운 물이 분출하는 곳인데 이곳에서도 지구 초기의 생명체가 탄생했을 것으로 생각하고 있다. 실제로 빛이 없는 열수구 주변에서는 다양한 생명체들이 화학 반응에 의해서 에너지를 확보하고 있다. 예를 들면 메탄균 같은 경우에는 수소를 활용해 이산화탄소를 메탄으로 만드는 메탄 생성 반응을 통해서 에너지를 얻는다. 열수구 근처에서는 수소가 미생물의 에너지원이 되는 셈이다. 엔셀라두스의 물기둥에서는 메탄, 암모니아, 이산화탄소도 발견되고 있다. 모든 관측 증거들이 미생물 같은 생명체의 존재 가능성에 무게를 두고 있는 것이다. 어쩌면 더 나아가서 지구의 심해 열수구 주변에서처럼 미생물과 공생하는 조개나 새우가 존재할지도 모를 일이다. 이렇게 엔셀라두스는 2017년 외계 생명체의 존재 가능성을 한껏 높이는 관측 결과와 함께 우주 생물학 연구의 중심에 다시 섰다.

엔셀라두스를 정밀 관측하려는 계획은 이미 세워져 있다. 미국 NASA는 이미 2015년에 엔셀라두스 생명체 탐색선Enceladus Life Finder · ELF이라는 탐사선 계획을 승인했다. 잠정적으로 2021년 12월 31일 이 탐사선을 발사할 계획을 세워 두고 있다. 엔셀라두스의 물기둥 근처를 몇 차례 초근접 비행하면서 생명체의 흔적을 찾아보겠다는 계획이다. ELF 탐사선이 장착할 관측 장비는 단백질의 기본 요소인 (즉 생명의 기본 요소인) 아미노산의 존재 여부를 확인할 수 있도록 설계될 예정이다. 카시니 탐사선에서 그 존재를 밝혀냈지만 관측 기기의 감도 문제로 결정적인 분석을 하지는 못한 것들을 확증할 수 있도록 더 정밀하고 민감한 관측 장비를 싣고 갈 것이다. ELF 탐사선은 3년 동안 엔셀라두스를 8~10회 정도 순회하면서 관측을 수행할 계획이다. 카시니 탐사선이 얻은 결과를 더 정밀하게 확인하고 얼음 밑 바다의 상태를 정밀하게 관측하고 생명체의 반응에 의해서 생길 수 있는 화학 반응을 포착하겠다는 목표가 있다. 2020년대 어느 날, 우리는 ELF가 전해 오는 외계 생명체 흔적 발견이라는 놀라운 소식을 접할 수 있을지도 모른다. 어쩌면 이보다 먼저 2021년 즈음 어느 날 화성에서 먼저 외계 생명체 발견 소식이 들려 올지도 모른다. 어쨌든 이번에는 엔셀라두스가 초미의 관심사였다. 다음은 또 어느 천체가 그 뒤를 이을까.

✦ 화성에서 발견되는 것들 ✦

화성에는 과거에 물이 흘렀던 흔적이 많다. 땅속에서 얼음도 발견됐고 대기 중에서 진눈깨비도 날린다. 계절에 따라 땅속에 있던 물이 표면으로 스며 나온 듯한 현상도 관측되었다. 과학자들은 과거의 화성에는 물이 풍부했고 표면에도 물이 흘렀을 것으로 추정하고 있다. 생명체의 존재 가능성을 알리는 징후가 계속 발견되고 있는 화성은 당분간 과학자들의 핫플레이스가 될 것으로 전망된다. 화성에는 현재 미국 NASA의 화성 탐사선 인사이트와 큐리오시티가 활약하고 있다. 2021년 2월, 화성에 도착한 미국 NASA의 마스2020(퍼서비어런스)가 이들을 이어서 최전선에서 활약할 예정이다.

2018년 7월 31일은 화성의 대접근일이었다. 화성이 태양 주위를 687일에 한 바퀴 도는 동안 지구는 두 바퀴 가까이 공전한다. 따라서 화성과 지구는 2년 2개월 정도마다 서로 가깝게 접근하게 된다. 그때가 바로 그런 시기였다. 더구나 두 행성은 공전 궤도 중 태양에 가장 가까운 지점인 근일점 부근에서 조우했다. 이런 경우를 대접근이라고 한다. 보통 17~19년에 한 번 일어난다. 8월이나 9월에 발생한다. 2003년 8월 27일 이후 15년 만에 두 행성이 가장 가깝게 접근했다. 가까운 만큼 화성은 더 밝고 크게 보였다. 화성이 가장 멀리 있을 때보다 7배나 커 보였다. 밝기도 16배나 밝았다. 맨눈으로도 밝게 보이는 화성을 쉽게 발견할 수 있지만 어느 정도 크기를 갖는 망원경으로 화성을 보면 붉게 빛나는 화성의 모습에 빠져들 것이다. 화성의 남극과 북극에 해당하는 극관도 볼 수 있고, 화성의 큰 지형의 모습도 볼 수 있다. 다음 대접근은 2035년에 찾아온다. 밤이 깊어가면 동쪽 하늘에 화성이 그 절정의 밝기를 뽐내며 밝게 빛난다.

화성과 지구가 2년 2개월마다 가까워지면 화성 탐사선이 발사되곤 한다. 가까울 때 탐사선을 보내야 화성까지 가는 시간이 절약되기 때문이다. 2018년에도 일론 머스크가 이끄는 민간 우주 개발 기업인 스페이스X가 화성을 향해서 우주선을 보냈다. 화성으로 향하고 있는 우주선에는 머스크 자신이 운영하는 전기 자동차 회사인 테슬라가 생산한 전기차 '로드스터'가 실려 있다. 화성 궤도에 정확히 언제 도착할지는 밝히지 않았다. 본격적인 과학 탐사를 수행하는 화성 탐사선도 발사되었다. 미국 NASA 의 화성 탐사선인 '인사이트'가 2018년 5월 5일 미국 캘리포니

아주의 반덴버그 공군 기지에서 지구를 떠나 화성으로의 여행을 시작했다. 인사이트는 아틀라스V 로켓에 실려서 우주 공간으로 날아갔다. 6개월 반 정도의 여행을 한 후 같은 해 11월 26일 화성에 안전하게 착륙했다. 인사이트가 화성 표면에 무사히 착륙해서 NASA가 유럽의 여러 나라와 함께 제작한 관측 및 측정 장치들을 동원해서 화성의 땅을 파고 지진파를 탐지하는 등 화성의 땅 밑 세계에 대한 탐사에 주력하고 있다.

그동안 화성에서 활약했던 스피릿, 오퍼튜니티, 큐리오시티 같은 탐사로버들이 주로 화성 표면의 특성을 탐구했다면 인사이트는 화성의 땅 밑 세상에 대한 정보를 우리들에게 제공할 것으로 기대하고 있다. 또 한 번 화성과 지구의 접근이 이루어지는 2020년에도 유럽 우주국과 러시아 우주국이 공동으로 개발 중인 엑소마스가 화성을 향해 떠날 예정이었다. 엑소마스는 문제가 해결되지 않아서 아쉽게도 발사가 연기되었다. 하지만 아랍에미리트의 화성 탐사선 아말이 7월 20일 발사된 것을 시작으로 중국의 화성 탐사선 텐원1호가 7월 23일에 발사되어 2021년 5월에 착륙했다. 무엇보다 기대를 모으고 있는 것은 7월 30일에 발사된 미국 NASA의 마스2020 탐사선인데 2021년 2월, 화성에 무사히 착륙했다. 생명체의 존재 가능성을 알리는 징후가 계속 발견되고 있는 화성은 당분간 과학자들의 핫플레이스가 될 것으로 전망된다. 생명체에 적합한 환경은 아니지만 미생물·박테리아는 살고 있을 수도 있다.

태양계 내에서 지구 외의 장소에 생명체가 있는지를 탐색하는 것은 현재 우주 생물학의 최대 목표이자 당면 과제다. 그 중심에 화성이 있다. 토성이나 목성의 위성들에서도 생명체가 존재할 개연성이 높은 환경 조건들이 발견되고 있다. 하지만 여전히 화성이 우주 생물학의 탐색 순위에서 굳건하게 첫 번째 위치를 차지하고 있다. 화성은 지구와 비슷한 면이 있는 것이 사실이긴 하지만 다른 환경 조건도 많이 갖고 있다. 화성은 지구에 비해 두 배 정도 작고 표면적도 4배 정도 작다. 부피는 십분의 일에 불과하다. 대기권의 두께도 아주 얇고 대기압 또한 지구에 비해 아주 작다. 대기의 95퍼센트는 이산화탄소인 것으로 알려졌다. 자전축의 기울기가 지구와 비슷해 지구에서와 같은 계절 현상이 있는 것으로 알려져 있다. 과거에는 자기장이 있었을 것으로 생각되지만 현재는 없다. 화산 활동도 있었지만 현재는 조용한 상태다.

현재 화성 표면에는 액체 상태의 물이 흐르지 않는다. 하지만 과거에 물이 흘렀던 흔적은 많이 관측되고 있다. 파인 땅속에서 얼음도 발견됐다. 대기 중에서 진눈깨비도 날린다. 모래폭풍도 일어난다. 계절에 따라서 땅속에 있던 액체 상태의 물이 표면으로 스며 나온 것 같은 현상도 관측되었다. 과거의 화성에는 물이 풍부했고 표면에서 흘렀을 것으로 과학자들은 추정하고 있다. 남극과 북극에는 이산화탄소로 이루어진 일종의 빙하인 극관이 있다. 계절에 따라서 녹았다 생성되었다 하는 과정을 반복하고 있다. 많은 관측 결과들은 화성에 생명체가 한때 존재했거나 현재도 존재할 개연성이 높다고 말하고 있다. 문제는 액체 상태의 물이다. 과학자들은 지구 생명체의 서식 환경을 관찰한 결과를 토대로 액체 상태의 물이 생명체의 서식에 중요한 역할을 한다는 것을 알고 있다. 화성에서 액체 상태의 물을 찾으려고 하는 것은 생명체의 존재를 확인하는 첫걸음이나 첫 관문일 수 있다는 이야기다. 2011년에는 화성의 지표면에 물이 흘렀던 흔적이 확연하게 드러나는 사진이 공개되었다. 2018년 6월에는 〈사이언스〉에 '화성에서의 유기 화합물'라는 논문이 발표되었다.[30] 화성 탐사 로버 큐리오시티가 화성 표면에서 생명체의 재료가 되는 유기 화합물을 발견했다는 내용이었다. 이런 관측 증기들이 쌓여 가면서 화성에 액체 상태의 물이 존재할 가능성에 대한 기대는 점점 더 높아지고 있다.

그러던 중에 드디어 액체 상태의 물이 화성에서 발견되었다. 과학자들은 그동안의 관측 결과를 토대로 오랫동안 화성의 땅 아래에 액체 상태의 물이 존재할 것이라고 생각하고 있었다. 그동안 간접적인 증거들이 많이 발견되어서 그 기대감을 높여 왔는데, 화성 궤도를 돌고 있는 마스 익스프레스가 이번에 한 건을 톡톡히 했다. 마스 익스프레스는 유럽 우주국과 러시아 우주국이 공동으로 개발한 화성 탐사선이다. 2003년 6월 2일 발사해서 같은 해 12월 25일 화성 궤도에 진입했다. 착륙선이었던 비글 2호는 화성 표면에 도달하자마자 신호가 끊어졌고 실종되었다.

다행히 궤도선은 계획대로 화성 주위를 돌면서 관측 임무를 수행하고 있다. 마스 익스프레스는 그동안 화성의 남극 등에 얼음이 존재한다는 사실을 알아내기도 했다. 화성의 지하에 거대한 소금물로 이루어진 호수가 존재한다는 사실을 발견한 것이다. 지금까지 화성에 액체 상태의 물이 존재했던 흔적은 자주 발견되었다. 물이 스며 나온 것 같은 모습도 포착되었다. 그런데 이번에는 진짜 액체 상태의 물의 존재가 발견되었다는 것이다!

2018년 7월 25일 〈사이언스〉에는 우주 생물학에 하나의 임계 국면으로 기록될 중요한 논문이 한 편 발표되었다.[30] '화성의 빙하 아래 액체에 대한 레이더 증거'라는 제목의 논문이다. 이탈리아의 로베르토 오로세이 박사 연구팀은 마스 익스프레스가 화성 궤도를 돌면서 MARSIS라는 레이더 장치를 사용해 2012년 5월부터 2015년 12월 사이에 화성의 남극 지하를 관측한 자료를 분석한 결과를 이 논문을 통해 발표했다. 화성의 남극에서 약 500킬로미터 떨어진 곳에서 화성 땅 아래 1.5킬로미터 지점에 존재하는 길이 20킬로미터 정도의 호수를 발견했다는 것이다. 더구나 이 호수는 소금물로 이루어져 있다고 관측되었다.

마스 익스프레스가 사용한 MARSIS라는 레이더 장비는 저주파의 레이더를 화성 표면에 쏴서 반사되어 돌아오는 파형을 분석했다. 저주파의 레이더가 땅이나 얼음 등은 잘 통과하지만 물이나 금속 등에는 잘 튕겨져 나오는 현상을 바탕으로 반사되어 나오는 파형을 분석해서 화성 지표면 아래의 상태를 알 수 있었다. 관측한 지점은 대부분 얼음으로 이루어져 있어 레이더가 잘 통과했는데, 지하 1.5킬로미터 지점에서 레이더가 강하게 튕겨져 나오는 현상이 관측되었다. 실제로 이런 장비를 사용해서 지구의 남극이나 그린란드 땅 밑의 상태를 관측해서 물을 찾은 적이 있다.

연구팀은 이번에 발견된 액체 상태의 물질이 물이 아닌 이산화탄소일 가능성에 대해서도 점검했다. 그 결과 액체 상태의 물일 가능성 외에 다른 가능성은 아주 낮은 것으로 확인됐다. 남극에 가까운 이 지점의 표면은 영하 100도에 달하는 것으로 알려졌다. 액체 상태의 물이 발견된 지하 1.5킬로미터 지점도 영하 70도에 가까운 것으로 관측됐다. 액체 상태의 물이 존재하기에는 여전히 너무 낮은 온도다. 연구팀은 그럼에도 불구하고 액체 상태의 물이 존재할 수 있는 이유로 마그네슘, 칼슘, 나트륨 등이 많이 녹아 있어서 어는점이 많이 낮아졌기 때문이라고 설명했다. 땅속은 지표면보다 압력이 높아서 어는점을 더 낮추는 효과가 있다. 이곳의 두꺼운 얼음층이 마치 단열층처럼 작용해서 지하 호수의 물이 얼지 않게 했을 것으로도 생각된다.

액체 상태의 물은 생명체의 (적어도 지구 생명체와 유사한 생명체에게는) 탄생과 진화에 거의 필수적인 조건인 것처럼 보인다. 액체 상태의 물이 화성의 지표면 아래 존재한다는 이번 관측 결과는 외계 생명체 발견으로 나아가는 우주 생물학의 큰 이정표가 될 것이다. 수십 년 동안 이어져 온 '화성에 액체 상태의 물이 존재하는가'라는 논쟁을 끝낼 만한 획기적인 발견이다. 이제 필요한 것은 두 번째 발견이다. 연구팀은 화성에 이런 형태의 지하 호수가 이곳뿐 아니라 화성 여러 곳에 존재할 가능성을 조심스럽게 제기하고 있다. 더 많은 지하 호수를 발견하기 위한 탐사가 이루어져야 할 것이다. 그렇다면 생명체는? 과학자들은 이번에 발견된 지하 호수의 온도가 매우 낮고 염도가 너무 높기 때문에 생명체가 살기에 아주 적합한 환경은 아니라는 데 의견을 모으고 있다. 하지만 지구에서도 극한적이고 척박한 환경에서 계속 생명체가 발견되고 있는 사실을 적용해 보면 화성의 지하 호수 안에 미생물이나 박테리아 같은 생명체가 살 것이라는 합리적 기대도 가능하다. 이번 관측 결과를 반영해서 조금 더 정밀한 화성 생명체 탐색 프로그램을 만들어야 할 것이다. 우리는 우주 생물학 교과서를 다시 써야 하는 발견을 목도하고 있다. 앞으로 몇 년 내로 화성에서 실제로 생명체가 발견되는 장면을 목격하는 행운이 우리 세대에게 주어지길 기대해 본다.

여전히 화성에서 액체 상태의 물이 존재하는지에 대해서는 논쟁이 계속되고 있다. 2020년에도 흥미로운 논문이 발표되고 있다. 미국 하와이의 행성 과학 연구소의 노버트 스코그호퍼 박사는 2월 12일 〈천체 물리학 저널〉에 발표한 논문에서 화성 표면에 어느 순간 소금물이 존재했을 수 있다고 주장했다.[31] 화성 표면의 파인 흔적이 액체 상태의 소금물 때문일 수 있다는 것이다. 2021년 2월에 착륙한 마스2020 탐사선이 화성에서의 생명체 존재 여부에 대한 논쟁을 종식하는 데 큰 기여를 할 것으로 기대하고 있다. 마스2020 탐사선은 로버 퍼서비어런스와 헬리콥터 인제뉴어티를 갖고 갔다. 인제뉴어티가 퍼서비어런스가 작업을 하는 데 가이드 역할을 하고 있다. 퍼서비어런스는 땅을 파서 샘플을 수집할 수 있는 굴착기 로봇팔을 비롯해서 생명체를 찾거나 화성에 거주할 때를 대비한 실험을 주로 수행할 예정이다. 화성의 비밀이 많이 밝혀지기를 기대한다.

8장

격변의 우주과학

✧ 거주 가능한 위성의 가능성 ✧

행성 주위를 도는 천체를 위성이라고 한다. 지구는 달이라는 하나의 위성을 갖고 있다. 목성은 현재 80개의 위성을 갖고 있는데 이 숫자는 계속 늘어날 것으로 전망된다. 토성은 83개, 천왕성은 27개, 해왕성은 14개의 위성을 갖고 있는 것으로 알려져 있다. 더 작은 위성들이 더 많이 발견될 수 있기 때문에 이 숫자는 계속 늘어날 것이다. 중요한 것은 거대 기체 행성이 많은 위성을 지니고 있다는 것과 또 몇몇 위성들은 생명체가 살 수 있는 환경 조건을 갖췄다는 사실이다.

태양계 내에는 여덟 개의 행성이 있다. 명왕성을 행성의 지위로 다시 불러 올리겠다는 생각을 하는 사람들도 있지만 큰 호응을 얻지는 못하고 있다. 아홉 번째 행성의 존재 가능성에 대한 주장이 나오고 있지만 아직은 뚜렷한 관측적 증거가 없다. 행성 주위를 도는 천체를 위성이라고 한다. 행성뿐 아니라 명왕성 같은 왜소행성 주위를 도는 위성도 있다. 수성과 금성은 위성이 없다고 알려져 있다. 지구는 하나의 위성을 갖고 있다. 달이다. 화성은 아주 작은 두 개의 위성을 지니고 있다. 태양계 외곽의 거대 기체 행성으로 눈을 돌리면 위성은 아주 흔한 천체임을 알 수 있다. 목성은 현재 80개의 위성을 갖고 있는 것으로 보고되고 있다. 이 숫자는 계속 늘어날 것으로 전망된다. 토성은 현재 83개, 천왕성은 27개, 해왕성은 14개의 위성을 갖고 있는 것으로 알려져 있다. 더 작은 위성들이 더 많이 발견될 수 있기 때문에 이 숫자는 계속 늘어날 것이다. 중요한 것은 거대 기체 행성이 많은 위성을 지니고 있다는 사실이다.

위성에 관한 연구는 태양계 형성 과정을 이해하는 데 중요한 역할을 한다. 또 몇몇 위성들은 생명체가 살 수 있는 환경 조건을 갖춘 것으로 알려지면서 주목을 받고 있다. 목성의 위성인 유로파에는 얼음으로 뒤덮인 표면 아래 지구의 바다보다도 더 많은 양의 거대한 바다가 있을 것으로 추정되고 있다. 액체 상태의 바다다. 목성의 또 다른 큰 위성들인 칼리스토, 가니메데, 이오도 비슷한 이유에서 관심의 대상이 되고 있다. 토성의 위성인 타이탄은 지구의 초기 모습과 비슷한 면이 많아서 생명체 탄생의 비밀을 풀어 줄 장소로 기대를 모으고 있다. 엔셀라두스는 내부로부터 표면을 뚫고 물이 솟구치는 간헐천 현상이 발견되면서 유명해졌다. 태양계 내 생명체 탐색 연구는 전통적으로 화성 같은 행성에 집중됐다. 지구 생명체와 엇비슷한 생명체가 살 수 있는 태양계 내 공간은 행성이라고 생각해 왔다. 화성이 그중 가장 가능성이 높아 많은 관측과 실험이 이루어지고 있다. 태양으로부터 멀리 떨어져 있어 표면에 액체 상태의 물이 존재할 수 있는 지역을 생명체의 '거주 가능 지역' 또는 '서식 가능 지역'이라고 부른다. 액체 상태의 물의 존재가 생명체 존재의 가늠자인 것이다. 태양계 내에서 이 지역에 속한 행성은 지구다. 화성과 금성이 그 끝자락에 위치하고 있다. 화성은 표면에 과거에 물이 흘렀던 것으로 추정되고 있다.

그런데 거대 기체 행성 주위를 돌고 있는 위성들을 관측하면서 거주 가능 지역의 정의를 다시 하게 되었다. 목성이나 토성 주위를 돌고 있는 위성들은 태양으로부터 떨어진 거리가 당연히 그들의 모행성과 같이 멀다. 표면에 액체 상태의 물이 존재할 수 없을 만큼 춥다는 말이다. 거주 가능 지역 범위에서 벗어나 있는 것은 당연하다. 그런데 이들 위성은 태양 에너지 대신 그들만의 또 다른 에너지원을 갖고 있다. 자신들보다 훨씬 큰 행성 주위를 돌다 보니 조석력의 영향을 많이 받는다. 그로 인해 거대 기체 행성 주위를 도는 위성들의 내부는 열에너지를 얻는다. 표면은 여전히 얼어붙은 얼음의 왕국이지만 그 표면 아래는 지열에 의해서 액체 상태의 물이 존재할 수 있다는 것이 밝혀졌다. 거대 기체 행성 주위를 도는 위성들도 거주 가능 지역에 포함시키게 된 것이다. 태양계 내의 거주 가능 지역은 금성, 화성, 지구를 비롯한 행성들과 목성과 토성의 위성 중 일부까지 확대되었다. 이들 거주 가능 지역에 속한 태양계 내 천체들에는 생명체가 존재할 가능성이 높기 때문에 관심이 집중되고 있다.

우리 은하 내에는 태양계 같은 행성계가 (또는 항성계가) 수천억 개 있다. 태양계 이외의 행성계나 항성계에 속한 행성을 외계 행성이라고 부른다. 1990년대 초반부터 간헐적으로 몇 개씩 발견되던 외계 행성은 2009년 케플러 우주 망원경이 관측을 시작한 이후 그 숫자가 급속히 늘기 시작했다. 2022년 6월 1일 현재 5059개가 외계 행성으로 인정되고 있다. 행성을 두 개 이상 지닌 행성계도 824개에 이른다. 발견된 외계 행성의 종류는 생각보다 훨씬 다양했다. 목성보다 더 큰 행성이 태양계 내 수성이 있는 위치에 존재하는 것을 관측하기도 했다. '뜨거운 목성'이라고 불리는, 목성보다도 더 큰 이런 종류의 행성이 꽤나 흔한 것으로 알려졌다. 지구와 질량이 비슷한 행성들도 많이 발견되었다. 지구보다 약간 더 큰 '슈퍼 지구'도 많이 발견되었다. 지구와 엇비슷한 행성의 존재가 드문 것이 아니라 흔한 것으로 밝혀졌다. 아직 그 숫자가 충분하지 않지만 행성들에 대한 통계를 낼 수 있는 단계까지 와 있다. 외계 행성들의 발견은 태양계 행성으로 국한해서 연구되던 행성 천문학을 한 단계 높은 단계로 올려놓았다. 행성의 일반적인 특성과 행성계의 형성 및 진화에 대한 보편적인 연구를 할 수 있게 된 것이다. 태양계 행성 연구를 통해 행성계에 대한 이론을 정립하는 시기를 벗어나 미시적으로는 태양계 내 행성을 연구하고 거시적으로는 외계 행성 연구를 함으로써 보편적이고 객관적인 행성 연구를 할 수 있게 된 것이다. 행성의 형성과 진화 연구는 당연한 관심사지만 외계 행성의 발견이 이어지면서 그곳에 있을지도 모르는 생명체 탐색에 대한 기대도 높였다. 특히 거주 가능 지역에 속한 행성들에 우주 생물학자들의 관심이 집중되고 있다.

외계 행성이 존재한다면 외계 위성의 존재도 당연할 것이다. 특히 태양계 내 거대 기체 행성들 주위를 돌고 있는 위성들의 숫자를 살펴보면 외계 행성보다 훨씬 더 많은 수의 외계 위성의 존재를 기대할 수 있다. 문제는 외계 위성은 외계 행성에 비해 더 작은 천체라는 것이다. 외계 행성도 큰 것들이 먼저 관측되는 경향을 보여 왔다. 눈에 잘 보이기 때문이다. 외계 행성도 그들의 모항성의 강력한 빛에 묻혀서 찾기가 힘들다. 그보다 더 작고 어두운 외계 위성을 찾는 것은 훨씬 더 어려운 작업임을 쉽게 짐작할 수 있을 것이다. 외계 위성에 대한 관심은 당연히 행성계의 형성과 기원에 관한 것이 그 중심에 있다. 또 다른 관심의 한 축은 역시 생명체 존재에 관한 것이다. 몇몇 태양계 내 거대 기체 행성 주위를 도는 위성들이 거주 가능 지역의 범위에 포함되면서 외계 위성 중 거주 가능 지역에 속한 것들이 있는지에 대한 관심도 높아지고 있다. 행성보다 더 많은 수의 외계 위성들이 거주 가능 지역에 속할 것이기 때문이다.

그동안 외계 위성을 발견했다는 보고가 몇 차례 있었다. 센타우르스 자리에 있는 '1SWASP J140747.93-394542.6'이라는 별 주위에는 'J1407b'라는 외계 행성이 있다. 목성보다 14~26 배 더 무겁다고 알려져 있다. 이 외계 행성 주위를 도는 세 개의 외계 위성이 있다는 보고가 있었다. 'WASP-12'라는 작은 별 주위를 도는 목성보다 조금 더 무거운 외계 행성 'WASP-12b'는 밝기가 주기적으로 밝아졌다 어두워졌다 하는데, 이 외계 행성 주위를 주기적으로 도는 외계 위성이 모행성을 가리기 때문으로 설명하고 있다. 2013년 12월에는 어떤 항성의 주위도 돌지 않고 우주 공간을 떠돌아다니는 외계 행성인 'MOA-2011-BLG-262' 주위를 외계 위성이 돌고 있을 가능성이 제기되기도 했다. 하지만 이들 관측 결과는 외계 위성의 존재를 과학적으로 확신하고 받아들일 정도의 신뢰도에 도달하지 못했다. 여전히 다른 대안으로 이들 현상을 설명할 수 있었다. 외계 위성의 존재에 대한 기대와 힌트를 줬다는 면에서는 큰 의미가 있지만 이들 관측 결과로부터 외계 위성의 존재를 확정하고 받아들이기에는 여러모로 부족함이 많았다

2018년 10월 과학 저널 〈사이언스 어드밴스〉에는 외계 위성과 관련된 흥미로운 논문이 발표되었다.[32] 미국 컬럼비아 대학교의 알렉스 티치와 데이비드 M 키핑이 '케플러-1625b를 공전하는 큰 외계 위성에 대한 증거'라는 제목이었다. 태양계로부터 7000~8000광년 떨어져 있는 태양과 비슷한 별인 '케플러-1625' 주위에는 목성보다 열 배 정도 무거운 것으로 추정되는 외계 행

성 '케플러-1625b'가 돌고 있다. 이 외계 행성 주위를 도는 외계 위성을 발견했다는 것이 이 논문의 주장이다. 이 외계 위성의 질량은 해왕성 정도 되는 것으로 알려졌다. 태양계 내 위성의 모습을 생각하면 위성이라고 하기에는 무척 크다. 이 천체를 위성으로 볼 것이 아니라 '케플러-1625b'를 쌍행성으로 봐야 한다는 이야기가 나오는 것도 그 때문이다.

연구팀은 케플러 우주 망원경 관측 자료를 통해서 '케플러-1625'라는 별 주위를 '케플러-1625b'라는 외계 행성이 돌면서 모항성을 가리는 현상을 살펴봤다. 모항성의 밝기가 어두워졌다가 행성이 그 앞을 다 지나가고 나면 밝기를 회복하는 현상을 분석했다. 그런데 외계 행성 '케플러-1625b'의 가림만으로는 실명하기 어려운 또 다른 현상이 발견되었다. 외계 행성 주위를 외계 위성이 돌면서 가린다고 하면 설명이 되었다. 외계 행성이 별 앞을 지나면서 가리는 현상을 관측하고 있는데 그 외계 행성 주위를 돌면서 가리는 외계 위성을 발견한 것이다. 물론 다른 해석도 가능했다. 연구팀은 더 확실한 결론을 내리기 위해 허블 우주 망원경으로 이런 현상이 일어나는 시간에 맞춰 관측을 했다. 여전히 다른 해석의 여지는 있지만 '케플러-1625b' 주위에 외계 위성이 돌고 있다는 해석이 관측 결과를 설명하는 데 가장 적절했다. 티치와 키핑은 그들이 발견한 현상이 외계 위성에 의한 것이라고 생각하고 있다. 더 확실한 결론을 얻기 위해 다음에 이런 현상이 일어나는 시간을 계산하고 허블 우주 망원경 관측을 했다. 이 외계 위성에는 '케플러-1625b-i'라는 이름이 붙었다. 만약 학계의 인정을 받는다면 첫 번째 외계 위성으로 등록될 것이다. 해왕성 크기 정도의 외계 위성일 것으로 기대했지만 허블 우주 망원경의 관측에도 불구하고 아직 명확한 결론을 내리지 못하고 있다. 우리는 외계 위성의 발견 시대가 열리고 있는 것을 목격하고 있다.

✧ 달에 세워질 문 빌리지 ✧

바야흐로 다시 달 탐사의 시대가 도래했다. 구소련과 미국의 달 탐사 경쟁 이후 시들했던 달 탐사에 다시 여러 나라가 도전하고 있다. 이번 엔 경제적 탐사와 궁극적 과학 탐사. 유럽 우주국은 '문 빌리지'라는 기지를 달에 건설할 계획도 갖췄다. 달에서 직접 채집한 원료를 사용해 3D 프린터로 기지를 건설한다는 것이다. 기지가 건설되면 2040년 무 렵에는 1백여 명이 상주할 것이고 2050년대에는 그 수가 1천 명에 이 를 것으로 전망하고 있다. 달에서 태어난 사람도 생길 것이고 그곳만의 고유한 문화도 생길 것이다. 우리는 어쩌면 상상이 현실이 되는 과정을 보고 있는지도 모른다.

1969년 7월 20일 아폴로 11호가 달에 착륙했고, 인류의 첫 발자국을 달 표면에 남겼다. 아폴로 17호를 타고 우주 비행사들이 달에 갔던 때가 1972년 12월 11일의 일이다. 그러고는 아무도 달에 다시 발자국을 찍지 못했다. 냉전 체제 속에서 이어지던 구소련과 미국의 달 탐사 경쟁은 미국이 먼저 달에 사람을 보내면서 시들해졌다. 달 탐사 프로젝트는 양측 모두 계획했던 미션을 축소하면서 몇 년 동안 간신히 명맥을 유지했지만 1970년대 중반이 되면서 그 자취를 감췄다. 한동안 멈추었던 달 탐사는 1990년 일본이 아시아 국가 중에는 처음으로 달 탐사에 나서면서 다시 불붙기 시작했다. 이어서 미국 달 탐사선이 두 차례 달 궤도를 돌거나 충돌 실험에 나섰다. 2000년대 들어서면서 유럽 우주국, 일본, 인도 그리고 중국의 달 탐사 프로젝트가 연이어 진행되었다.

아시아 국가들의 달 탐사 열풍이 일면서 미국도 다시 달 탐사 프로젝트를 가동했다. 2010년대에 들어서도 중국, 일본, 인도를 중심으로 한 아시아권 국가들의 달 탐사는 계속 이어지고 있다. 주로 궤도를 돌면서 탐사를 하는 궤도선을 보내고 있지만 달 표면에 충돌 실험을 하는 경우도 자주 있었다. 미국도 지속적으로 궤도선을 보내면서 달 탐사의 끈을 놓지 않고 있다. 1960년대의 달 탐사는 달에 사람을 보내는 것이 큰 목적이었다면 현재 이루어지고 있는 달 탐사는 그 목적이 다양하다. 중국처럼 여전히 국가적인 자부심이 달 탐사의 큰 중심축인 경우도 있지만 경제적인 목적으로 탐색하는 경우와 좀 더 구체적인 과학적 임무를 지닌 탐사들이 증가하고 있다. 올해부터 2025년까지 거의 매년 미국, 중국, 인도, 일본, 러시아 그리고 유럽 우주국의 달 탐사 프로그램이 계획되어 있다. 우리나라도 달 탐사 프로그램을 추진하고 있다. 구체적인 실행은 안갯속이지만 관광을 목적으로 한 민간의 달 탐사 계획도 나오고 있다. 다시 달 탐사의 시대가 온 느낌이다.

달에 정착하거나 달에 중간 기지를 세운 후 이를 거점으로 화성 탐사를 하겠다는 기획 이야기도 자주 등장하고 있다. 아폴로 11호 달 착륙 50년을 맞이한 2020년, 우주 과학의 화두 중 하나는 달 기지였다. 여러 아이디어들이 속속 등장하고 있지만 그 중에서도 단연 유럽 우주국의 프로그램이 눈길을 끈다. 유럽 우주국은 달의 남극 근처에 '문 빌리지Moon Village'라는 이름의 달 기지를 만든다는 계획을 세우고 있다. 달의 자전축은 거의 기울지 않아 달의 극지방에는 태양빛이 거의 닿지 않는 영구 동토 지역이 존재한다. 이 지역에는 영구적인 얼음층이 존재할 수 있다. 대기가 없는 달에서 태양에 의한 급격한 온도 변화를 피할 수 있는 곳도 극지방이다. 방사능에 노출되는 것도 어느 정도 피할 수 있다. 남극 근처에 달 기지를 건설한다면 이 얼음층으로부터 가까운 곳에서 지속적으로 물을 공급할 수 있을 것이다. 물론 실제로 이런 얼음층이 발견된다면 말이다.

유럽 우주국 과학자들은 달에 있을 용암 동굴을 최적의 기지 건설 장소로 생각하고 있다. 달에서는 지구보다 중력이 약하기 때문에 용암 동굴이 지구보다 더 크게 형성될 수 있다. 많은 사람들을 수용할 수 있는 공간을 확보할 수 있다. 또한 온도 변화에 덜 민감할 수 있다는 장점도 존재한다. 방사능에 노출되는 것도 피할 수 있다. 우주선을 피할 수도 있고, 유성의 충돌로부터도 안전하다. 그렇다. 유럽 우주국이 달 기지 건설의 후보지로 생각하고 있는 곳이 남극 근처의 용암 동굴인 것이다.

달 탐사 자료를 바탕으로 폭 1킬로미터 이상, 길이 수백 킬로미터에 이르는 용암 동굴의 존재 가능성도 제기되고 있다. 이런 동굴 안에 사람들이 거주할 기지를 건설한다는 것이다. 물은 남극의 얼음층을 녹여서 공급하고, 기지 건설에는 달에서 직접 채집한 원료를 사용하겠다는 비전도 밝히고 있다. 달에서 얻은 자원을 사용해 3D 프린터로 기지를 건설한다는 것이다. 기지가 건설되면 2040년 무렵에는 1백여 명이 상주할 것이고 2050년대에는 그 수가 1천 명에 이를 것으로 전망하고 있다. 여전히 SF 과학 소설 같은 이야기다. 간접적인 증거가 발견되고 있고 일부 이루어지고 있는 것이 있기는 하지만 어느 것 하나 확실하게 확인된 것이 없기 때문이다. 하지만 달을 향한 인류의 비전이 살아 있고, 이를 지향점 삼아 나아가고 있기 때문에 시기의 조절은 있겠지만 실현될 가능성이 높다.

2018년 8월 미국 〈국립 과학원 회보〉에 달 탐사 또는 달 기지 건설에 고무적인 좋은 소식을 전해 주는 논문이 한 편 실렸다.[33] 하와이 대학교의 슈아이 리 박사 연구팀이 발표한 '달의 극지방에서 표면에 노출된 얼음의 직접적인 증거'라는 제목의 논문이다. 제목에 나타나 있듯이 달의 남극과 북극에서 물로 이루어진 얼음을 직접 발견했다는 것이다. 또는 물로 이루어진 얼음층이 존재한다는 직접적인 증거를 찾았다는 것이다. 유럽 우주국이 남극에 문 빌리지를 건설하겠다고 제창한 큰 이유 중 하나가 그곳에 존재할 가능성이 있는 얼음층으로부터 물을 끌어오겠다는 것이었다. 그런데 리 박사 연구팀이 실제로 달의 북극과 남극에 물로 이루어진 얼음층이 존재한다는 것을 확인한 것이다. 문 빌리지 계획이 SF 영역에서 현실 과학으로 넘어올 수 있게 되는 큰 교두보 역할을 할 중요한 발견이다.

물의 공급은 달 기지 거주자들에게 물 자체를 제공하는 것뿐 아니라 물을 분해해서 산소를 공급할 수도 있다는 것을 의미한다. 달 기지에 실제로 사람들이 거주할 수 있는 가능성과 편의성을 크게 높여 주는 결과라고 하겠다. 그동안 간접적으로 달 표면에 얼음이 존재할 가능성은 여러 번 제기된 바 있다. 연구팀은 미국 NASA가 개발해 2008년 발사한 인도의 찬드라얀-1 달 탐사선에 실어 보낸 관측 장치인 '달 광물 탐색기'가 관측한 자료를 분석했다. 이 장치는 근적외선에서의 흡수 패턴으로 액체 상태의 물과 기체 상태 또는 얼음 상태의 물을 구분할 수 있도록 고안되었다. 이 장비를 사용해 관측한 자료를 분석한 결과 달의 남극과 북극에서 표면에 얼어 있는 물을 발견한 것이다.

다른 정황 증거들도 얼음의 존재를 확인해 주었다. 달은 수성이나 왜소 행성인 세레스와 그 생성 기원이 같다. 이들은 자전

축이 거의 기울어지지 않고 대기가 거의 없어서 극지방의 움푹 패인 지형, 크레이터 근처에 태양 빛이 닿지 않는 지역이 있을 것이고, 그곳에 오래전에 형성된 얼음층이 있을 것으로 추정되어 왔다. 실제로 이번에 발견된 것도 영구 얼음층이다. 달에서 얼음층이 발견됨으로써 문 빌리지의 기지 건설 장소를 정하는 데 구체적인 영향을 끼칠 것 같다. 달 현지에서 물과 산소를 조달하자는 제안이 실현 가능한 과학적 제안이라는 게 확인된 순간이기도 하다. 이번 발견은 과학 소설의 영역에만 머물 것 같던 달 기지 건설을 실제로 추진할 수 있는 동력을 크게 높여 놓았다.

달 기지를 건설하는 것은 미래의 우주 탐사를 위해 여러모로 바람직하다. 달은 지구에 비해 중력이 육분의 일 정도밖에 되지 않기 때문에 지구가 아닌 달에서 화성 같은 다른 행성으로 탐사선을 발사할 경우 발사를 위해 투입할 연료가 줄어들게 된다. 즉, 비용이 절감되는 것이다. 발사의 안정성도 높아질 것으로 예상된다. 달 기지를 건설하기 위해 해결해야 할 것들이 많지만 일단 물을 공급할 수 있다는 사실이 확인된 만큼 다른 문제들을 해결하기 위한 노력도 가속화될 것으로 예상된다. 달에 많이 존재하는 것으로 알려진 헬륨3을 직접 채굴해 핵융합 원료로 사용한다면 에너지 공급의 관점에서 지구에 의존하지 않고 독립성을 유지할 수도 있다. 심지어 공급량이 충분할 경우 지구로 수출도 할 수 있다. 가끔씩 실타래처럼 얽힌 문제가 있다. 달에 기지를 세우는 것이 바로 그런 문제이다. 결과를 얻기 위해 반드시 해결해야 하는 여러 문제가 존재하는데 어느 것 하나 중요하지 않은 것이 없다.

달에서 물로 된 얼음층을 발견했다는 것은 단순히 여러 문제 중 하나를 해결했다는 차원을 넘어선다. 생명 유지를 위한 가장 중요하고 가장 근원적인 문제의 해결책을 곧 손에 쥐게 되었다는 의미에서 이번 발견은 하나의 문제 해결이 아니라 얽히고설킨 문제들의 꼬인 매듭을 푼 셈이다. 이 발견 하나로 그다음 단계를 상상할 수 있게 되었고, 실제로 실행할 수 있다는 자신감을 얻게 되었다. 문 빌리지 같은 자급 가능한 달 기지를 꿈꾸는 것을 넘어 가능할 것 같지 않던 문 빌리지에서의 문화적인 발현, 그리고 더 나아가 그곳에서 태어날 달 사람들의 문화와 문명에 대한 SF적 상상이 가능하게 되었다. 심지어 천문학자들이 고대하고 있는 달 뒷면의 천문대 건설 프로젝트도 이젠 막연한 꿈이 아니다. 달 기지를 기반으로 실제로 건설 가능한 구조물로 인식할 용기를 주는 시작점에 달의 남극과 북극에서의 얼음 발견이 있다. 달에서의 이 작은 과학적 발견이 엄청난 상상의 날개를 달게 해 주는 원동력이 될 것 같다. 우리는 어쩌면 상상이 현실이 되어가는 과정을 목격하고 있는지도 모른다. 그 현장의 임계 국면을 지나가고 있는지도 모른다. 아직은 달의 남극과 북극에 있는 얼음의 매장량과 형성 비밀과 활용 가능성에 대한 타당성 조사를 더 거쳐야 하겠지만 이미 달 기지의 건설이 첫 삽을 떴다는 기대감을 지울 수는 없을 것 같다. 2020년 10월 26일 미국 NASA는 우주 관측 비행기인 SOFIA의 관측으로 달의 표면에 물이 있었다는 사실을 발표했다. SF 과학 소설이 과학 현실이 되어 가는 시대를 살아 무척 행복하다. 가자! 달로!

✧ 상업 우주 여행 패키지 ✧

돌이킬 수 없는 상업적 달 여행 시대의 서막이 올랐다. 일론 머스크는 일본인 온라인 패션 재벌로 알려진 마에자와 유사쿠를 자신이 만든 우주선에 태우고 2023년쯤 달로 여행을 가겠다고 발표했다. 성공한다면 1972년 이후 첫 인류의 달 여행이다. 아마존의 제프 베이조스 회장도 달로 가는 상업적 여행 패키지를 내놓겠다고 공공연하게 이야기하고 있다. 또 다른 민간 우주 탐사 기업, 버진 갤럭틱에서는 세 시간이 걸려 가까운 우주 공간에 다녀오는 여행 패키지를 만들었는데 2억 5천만 원의 비용을 지불한 1천 명이 대기하고 있다. 소행성에서 광물을 캐 오겠다고 하는 기업도 있다.

2004년 3월 2일 유럽 우주국의 혜성 탐사선 로제타가 지구를 떠났다. 지구는 1년에 한 바퀴씩 태양 주위를 돈다. 원에 가까운 타원 궤도로 공전을 한다. 반면 혜성은 태양 가까이 왔을 때 마치 태양을 중심으로 포물선을 그리면서 돌아 나가는 것 같은 궤도를 돈다. 지구는 원 궤도를 돌고, 혜성은 포물선 궤도를 돌고 있기 때문에 지구에서 혜성으로 탐사선을 보내는 것은 만만 치가 않다. 서로 다른 모양의 궤도를 돌고 있기 때문에 만날 시 간과 장소를 계산하기가 어렵다. 2004년 발사된 로제타 탐사선 은 추류모프-게라시멘코 혜성과 조우하기 위해 여러 차례 궤도 를 조정하면서 비행을 했다. 지구와 화성 그리고 소행성들 주위 를 도는 몇 차례의 플라이바이를 통해 속도를 높였고, 비행 방 향을 변경해 가면서 약 65억 킬로미터를 날아갔다. 2014년 8월 6일 로제타 탐사선은 추류모프-게라시멘코 혜성을 따라잡아서 그 곁을 돌면서 나란히 날아갈 수 있게 되었다.

11년간의 고독한 우주 여행의 결과였다. 로제타 탐사선은 필레라는 또 다른 탐사선을 품고 갔다. 혜성 표면에 착륙하도록 기획된 우주 탐사선이다. 11년 동안의 비행 끝에 혜성과 나란히 날아가는 것 자체도 천문학자들에게는 엄청난 성취였고, 우주에 관심이 많은 이들에게는 경이로운 사건이었다. 하지만 더 경이 로운 장면이 우리를 기다리고 있었다. 필레가 혜성의 표면에 착 륙을 하는 이벤트다. 인류가 만든 탐사선이 (아니 그 어떤 인공적 인 물체도) 혜성에 착륙한 적은 단 한 번도 없었다. 혜성 착륙은 여전히 '과학적 허구Science Fiction'였다. 그런데 이제 그 상상 속 SF가 '과학적 팩트Science Fact'가 되려고 하고 있었던 것이다. 상상이 과학적 현실이 되는 바로 그 순간이 다가오고 있었다.

많은 사람들의 관심이 집중되었다. 2014년 11월 12일 추류모프-게라시멘코 혜성으로 필레 탐사선이 날아갔다. 아니 착륙을 시도했다. 그런데 혜성 표면에 착륙하는 것은 좀 색다르다. 보통 지구 표면에 착륙을 한다거나 달 표면에 착륙을 한다고 하면 바닥에 부딪혀서 깨지거나 부서질 걱정부터 든다. 아폴로 달 탐사선을 타고 가서 달 표면에 무거운 우주복을 입고도 통통 튀는 우주인들의 모습을 기억할 것이다. 달 표면에서의 중력은 지구의 육분의 일밖에 되지 않는다. 추류모프-게라시멘코 혜성은 한쪽 길이가 4킬로미터 정도밖에 되지 않는, 정말 작은 천체다. 지구의 지름이 약 1만 2800킬로미터라는 것을 생각해 보라. 지구 크기의 사분의 일 정도인 달에서도 통통 튀는 모습을 보이는데 이렇게 작은 혜성의 표면에서는 어떻겠는가. 부딪혀서 깨질 걱정이 아니라 잘못하면 튕겨 나와서 우주 미아가 될 걱정을 해야 할 것이다. 정말 사뿐히 내려앉는 것이 중요하다. 또한 혜성의 표면은 푸석푸석하기 때문에 갈고리 같은 것으로 고정해야만 충격 실험 같은 것을 할 때 튕겨 나가지 않을 것이다. 이런 특수 상황에 대한 모든 대비가 완벽해야만 착륙에 성공할 수 있다. 필레가 착륙에 성공했다는 신호를 보내 왔을 때 로제타 탐사선과 필레 탐사선의 개발과 발사에 참여했던 유럽 우주국의 대변인이 흥분하고 감격에 겨워 "과학적 허구가 과학적 팩트가 되었다 Science Fiction became Science Fact"라고 말했다. 혜성 착륙은 상상 속의 영역이었지만 이제는 과학적 사실이 되었다. 미래는 '뚝딱' 나타나는 것이 아니라 준비된 현재의 반영으로 나타난다.

상상 속의 일들이 과학적 사실이 되는 경우는 많이 있다. 그런 것들을 잘 살펴보면 미래가 이미 과거에 시작되어서 현재를 거쳐 간다는 생각을 하게 된다. 아직은 과학적 허구이지만 가까운 미래에 과학적 팩트가 되어 나타나서 태양계 시대를 열어젖힐 것들에 대한 이야기를 몇 가지 해 보려고 한다. 1969년 7월 20일 아폴로11이 달에 착륙했고, 닐 암스트롱이 인류의 첫 발자국을 달 표면에 찍으면서 달에 사람이 가는 것은 상상에서 현실이 되었다. 아폴로 계획은 17호까지 진행되었다. 마지막으로 인류가 달에 간 것이 1972년 12월이었다. 그리고 달에 갔던 우주 비행사들 중 많은 사람들이 이미 죽었다. 지금 살아 있는 고령인 아폴로 우주 비행사들이 모두 고인이 되면 지구상에 달에 다녀온 사람이 단 한 명도 없게 된다. 달로 가는 여행은 여전히 과학적 허구이다.

그런데 가까운 미래에 달 여행이 과학적 팩트가 될지도 모르겠다. 우주선을 만드는 스페이스 엑스를 운영하고 있는 일론 머스크가 최근에 흥미로운 발표를 했다. 일본인 온라인 패션 재벌로 알려진 마에자와 유사쿠를 자신이 만든 우주선에 태우고 2023년쯤 달로 여행을 가겠다고 발표한 것이다. 성공한다면 1972년 이후 첫 달 탐사다. 하지만 일론 머스크의 이 계획에는 달 착륙이 포함되어 있지 않다. 달 궤도를 돌면서 달을 감상하고 돌아오는 여행 패키지인 것이다. 그가 조심스럽게 피력했듯이 아직 달에 직접 갔다 오는 왕복 우주선은 세상에 없다. 앞으로 만들겠다는 계획을 발표한 것이다. 1972년 이후 끊어졌던 달을 향한 여행이 다시 복원될 수 있을까? 마에자와 같은 부자를 제외한 평범한 사람들에게 달 여행은 현실 속에서 이룰 수 있는 꿈일 것이다. 하지만 민간에서 상업적인 목적으로 달 여행이 계획되고 있다는 점이 중요하다. 이제 돌이킬 수 없는 상업적 달 여행의 시대가 열리고 만 것이다.

아마존의 제프 베이조스 회장도 아직은 구체적인 내용을 밝히지는 않았지만 달로 가는 상업적 여행 패키지를 공공연하게 이야기하고 있다. 우주 탐사 전문 기업, 버진 갤럭틱에서도 달 여행을 위한 준비를 한다고 한다. 일반인들의 달 여행은 가까운 미래에 과학적 허구에서 과학적 팩트가 될 것이다. 2021년 7월 11일, 달보다 가까운 우주 공간을 다녀오는 민간의 상업적인 우주 여행이 시작되었다. 리처드 브랜슨이 설립한 버진 갤럭틱의 우주선이 브랜슨 회장을 포함한 일반인 6명을 태우고 지표면으로부터 85킬로미터 정도까지 올라갔다가 돌아왔다. 드디어 민간의 상업적인 우주 여행을 성공시킨 것이다. 이어서 7월 20일에는 제프 베이조스가 설립한 블루 오리진의 우주선이 지표면으로부터 약 107킬로미터 떨어진 우주 공간으로 날아갔다. 베이조스 회장과 동생 그리고 정작 우주 비행은 하지 못했던 전직 우주 비행사 월리 펑크와 네덜란드의 사업가의 아들인 올리버 데이먼이 탑승했다. 민간 우주 여행이 실현된 역사적인 순간들이다. 이들 우주여행은 일정한 높이의 우주 공간에 도달했다가 바로 지구로 돌아오는 여행이다. 일론 머스크가 설립한 스페이스X에서 쏘아 올린 우주선은 4명의 승객을 태우고 지표면으로부터 575킬로미터까지 올라갔다. 이 궤도에 3일 동안 머물면서 지구를 돌았다. 일정한 높이에 올라갔다 돌아오는 우주 여행을 뛰어넘는 본격적인 민간 우주 여행 시대가 열린 것이다. 아직은 특별한 위치에 있거나 돈이 많은 사람들의 잔치이지만 새로운 시대가 열린 것만은 분명하다.

소행성은 천문학자들에게 태양계의 형성에 관한 비밀을 풀어줄 소중한 관측 대상이다. 6600만 년 전의 소행성 충돌의 여파로 지구상에서 다섯 번째 대멸종이 있었다는 사실도 밝혀졌기 때문에 소행성은 지구를 파멸에 이르게 할 수 있는 위험 요소로서 감시 대상이다. 앞서 소개했듯이 전 지구적인 네트워크를 통해 천문학자들이 소행성을 감시하고 있다. 앞서 소개한 행성 자원 회사는 소행성에 가서 거기 매장되어 있는 광물 자원을 캐 오겠다고 공언했다. 소행성 채굴 회사로서 지구에서 부족한 광물을 소행성에서 캐 오는 것을 넘어 우주 공간에 우주 주유소를 만들고, 더 나아가서는 우주 공간으로 경제 활동 영역을 넓히겠다는 것이 이 회사의 비전이다. 태양계 경제 시대를 열겠다는 것이다. 룩셈부르크가 전 국가적으로 이 회사에 투자를 하면서 태양계 경제 시대의 서막을 알렸다. 벨기에가 이 사업에 뛰어든다는 소식도 들려온다. 태양계 시대라는 SF가 과학적 현실로 다가오고 있다.

인류가 가 본 곳은 달까지다. 화성으로 유인 탐사선을 보내려는 오랜 꿈이 있다. 미국 NASA는 오래전부터 과학자들을 화성에 보내는 화성 왕복 유인 탐사를 계획하고 있었지만 계속 그 시기를 연기하고 있다. 현재는 그 시점을 2030년대 후반으로 내다보고 있다. 가장 큰 이유는 500일이 넘는 화성 탐사 여행에서 사람들의 생명을 확실하게 유지해야 하기 때문이다. 2012년 네덜란드의 청년들이 마스원이라는 회사를 차렸다. 화성에 미국의 NASA보다 먼저 사람들을 보내겠다는 것이었다. 화성에는 그동안 많은 무인 탐사선들이 갔다. 현재 활동하고 있는 것들도 있다. 이들은 지금까지 이룩한 기술을 토대로 화성으로 사람을 실어서 보내겠다는 것이다. NASA보다 먼저 2020년대 후반쯤 사람을 태운 우주선을 보내겠다는 야심찬 계획을 발표했다. 조건이 놀랍다. 가서 오지 않겠다는 것이다. 편도 화성 여행이다. 화성으로 여행 가서 그곳에 정착해서 사는 것이다.

화성 왕복 여행을 생각하면 해결해야 할 문제가 훨씬 더 많아진다. 하지만 편도 여행을 생각하면 그 변수가 그만큼 줄어들 것이다. 마스원에서는 화성으로 가서 정착할 사람들을 모집했다. 놀랍게도 수십만 명이 호응했다. 그중 몇만 명은 실제로 돈을 내면서 화성으로 갈 사람을 뽑는 마스원의 오디션에 참가했다. 현재 남녀 각 50명씩이 뽑혀서 각각 20명씩 뽑는 최종 오디션을 진행 중이라고 한다. 이 프로젝트를 두고 의심과 기대의 눈

초리가 교차하고 있다. (최근에는 파산했다는 소식도 들려온다.) 일론 머스크도 나섰다. 보다 더 대규모 단위로 화성에 사람들을 보내서 정착촌을 만들겠다는 것이다. 우주 개발 삼파전을 치르고 있는 아마존과 버진 갤럭틱도 화성으로 가는 편도 유인 우주선 계획에 동참하겠다고 한다. 아랍 에미리트 연합은 국가의 100년 계획을 발표했는데, 그 종착점이 화성으로 자국민 수십만 명을 이주시키는 것이다. 여전히 SF 소설 같은 이야기다. 하지만 엄연히 현재 이루어지고 있는 일들이기도 하다. 우리는 어쩌면 태양계 시대의 서막을 살고 있는지도 모른다.

이 시대의 과학

현대 과학의 키워드는 불확실성·확률적 존재·변화에의 자각이다. 이는 현대 과학의 핵심 법칙인 상대성 이론·양자 역학·진화 이론의 바탕이기도 하다. 이러한 자각으로 과학을 받아들여서 세상에 대한 나름의 태도를 취하고 세계관을 형성하는 것이 21세기 세계 시민 교육의 중심이 되어야 한다. 과학적 지식을 강조하는 과학 소양과는 달리 과학적 소양은 과학적 태도와 비판적 사고 능력을 강조한다. 과학적 소양을 갖추기 위한 첫걸음은 이런 현대 과학적 인식론을 체화하는 것이다. 이 책에서 필자는 천문학이 어떤 과정을 거쳐서 과학적 사실을 밝혀내고 다시 그것을 전복하고 새로운 사실을 밝혀내는지 그 과정을 보여 주려고 했다. 그 이야기 속에서 자연스럽게 불확실성과 확률적 세계관 그리고 변화를 수용하는 진화적 태도를 공유했으면 한다.

20년 전쯤 〈별과 우주〉라는 잡지에 'Astronomy Now'라는 제목을 걸고 1년 정도 연재를 한 적이 있다. 당대 천문학의 가장 이슈가 되는 주제를 골라서 갓 나온 따끈따끈한 논문을 중심으로 쟁점을 살펴보는 기획이었다. 시간이 흐른 후 〈경향신문〉에서 '이명현의 별별 천문학'이라는 제목으로 수년간 비슷한 작업을 하게 되었다. 현재 쟁점으로 떠오른 주제를 골라서 막 나온 논문이나 발표를 중심으로 글을 전개했다. 이 책은 〈경향신문〉에 연재했던 글들을 다시 정리한 결과물이다. 〈별과 우주〉에 연재했던 글의 내용이 어느 정도 반영이 되었지만 〈경향신문〉에 쓴 글이 큰 틀을 이루고 있다. 20년 전 연재에서 다루었던 주제중 상당수는 〈경향신문〉 연재에서 다시 다루었다. 그 사이에 어느 정도 해결된 것도 있었지만 여전히 쟁점 주제로 남아 있는 것도 많았기 때문이다. 나의 원래 의도는 같은 주제를 다룬 글이라면 〈별과 우주〉와 〈경향신문〉에 실린 글을 나란히 수록하는 것이었다. 20년의 세월 동안 과학적인 사실이 어떻게 변화했는지를 날것 그대로 보여 주고 싶었다. 한참 동안 편집부와 의견을 나누었지만 이런 나의 의도는 여러 가지 면에서 크게 호응을 받지 못했다. 논쟁이 오가는 사이에 책을 만드는 작업은 지연이 되었다. 그러는 사이에 몇 년 동안 진행되던 신문 연재도 드디어 마감을 하게 되었다. 어쨌든 긴 여정의 마무리를 해야 할 시점이 다가왔다. 아쉬움은 남지만 편집부의 의견을 내가 수용하기로 하면서 책이 나올 수 있게 되었다.

사실 옛날에 쓴 글을 어떻게 든 새로 쓴 글에 녹여 보려는 편집자의 정성이 아니었더라면 이 책은 완성되지 못했을 것이다. 과학도 변화의 흐름 속에 있는 '시대의 과학'이라는 것을 보여 주고 싶었던 것이 내가 옛날에 쓴 글과 새로 쓴 글을 날것 그대로 나란히 신고 싶었던 이유였다. 그런데 생각이 좀 바뀌었다. 편집부의 말대로 현재성을 살리는 것이 더 중요하다는 데 동의하지 않을 수 없었다. 과거에 대한 미련을 떨쳐 버릴 수 있는 좋은 구실을 편집부에서 만들어 주었다. 고마운 일이다. '변화'라는 화두를 던지는 책이라면서 자칫하면 내 자신이 과거라는 틀 속에 갇힐 뻔했다. 편집부의 노력을 통해서 과학적 사실에 대한 과학자들의 논쟁과 그 변천사를 잘 드러낼 수 있게 되었다. 나의 원래 의도보다 더 좋은 방식으로 내 생각이 전달될 수 있을 것 같다. 편집부에 그 공을 돌린다. 이 책을 통해서 현재 과학이 이루어지는 과정을 같이 경험하고 동시대적 과학적 인식론을 내재화하고 모두 다 같이 과학 소양을 기를 수 있는 바탕이 마련될 수 있으면 좋겠다.

2021년 1월

이명현

도판

1. Srianand, R., Petitjean, P., & Ledoux, C. (2000). The cosmic microwave background radiation temperature at a redshift of 2.34. *Nature, 408*(6815), 931–935.

2. VandenBerg, D. A., Brogaard, K., Leaman, R., & Casagrande, L. (2013). The ages of 55 globular clusters as determined using an improved method along with color–magnitude diagram constraints, and their implications for broader issues. *The Astrophysical Journal, 775*(2), 134.

3. Arimatsu, K., Tsumura, K., Usui, F., Shinnaka, Y., Ichikawa, K., Ootsubo, T., ... & Watanabe, J. (2019). A kilometre–sized Kuiper belt object discovered by stellar occultation using amateur telescopes. *Nature Astronomy, 3*(4), 301–306.

4. Sanna, A., Reid, M. J., Dame, T. M., Menten, K. M., & Brunthaler, A. (2017). Mapping spiral structure on the far side of the Milky Way. *Science, 358*(6360), 227–230.

5. Kafle, P. R., Sharma, S., Lewis, G. F., Robotham, A. S., & Driver, S. P. (2018). The need for speed: escape velocity and dynamical mass measurements of the Andromeda galaxy. *Monthly Notices of the Royal Astronomical Society, 475*(3), 4043–4054.

6. Kafle, P. R., Sharma, S., Lewis, G. F., & Bland–Hawthorn, J. (2014). On the shoulders of giants: properties of the stellar halo and the milky way mass distribution. *The Astrophysical Journal, 794*(1), 59.

7. Wittenmyer, R. A., Sharma, S., Stello, D., Buder, S., Kos, J., Asplund, M., ... & Zwitter, T. (2018). The K2–HERMES Survey. I. Planet–candidate properties from K2 campaigns 1–3. *The Astronomical Journal, 155*(2), 84.

8. Conselice, C. J., Wilkinson, A., Duncan, K., & Mortlock, A. (2016). The evolution of galaxy number density at z⟨ 8 and its implications. *The Astrophysical Journal, 830*(2), 83.

9. https://www.nature.com/news/universe–has–ten–times–more–galaxies–than–researchers–thought–1.20809

10. Sabulsky, D. O., Dutta, I., Hinds, E. A., Elder, B., Burrage, C., &

Copeland, E. J. (2019). Experiment to detect dark energy forces using atom interferometry. *Physical review letters, 123*(6), 061102.

11. Dam, L. H., Heinesen, A., & Wiltshire, D. L. (2017). Apparent cosmic acceleration from type Ia supernovae. *Monthly Notices of the Royal Astronomical Society, 472*(1), 835–851.

12. Jeffrey, N., Lanusse, F., Lahav, O., & Starck, J. L. (2020). Deep learning dark matter map reconstructions from DES SV weak lensing data. *Monthly Notices of the Royal Astronomical Society, 492*(4), 5023–5029.

13. Collett, T. E., Oldham, L. J., Smith, R. J., Auger, M. W., Westfall, K. B., Bacon, D., ... & van den Bosch, R. (2018). A precise extragalactic test of General Relativity. *Science, 360*(6395), 1342–1346.

14. Abbott, R., Abbott, T. D., Abraham, S., Acernese, F., Ackley, K., Adams, C., ... & Agatsuma, K. (2020). GW190521: A binary black hole merger with a total mass of 150 M☉. *Physical review letters, 125*(10), 101102.

15. Freedman, W. L., Madore, B. F., Gibson, B. K., Ferrarese, L., Kelson, D. D., Sakai, S., ... & Huchra, J. P. (2001). Final results from the Hubble Space Telescope key project to measure the Hubble constant. *The Astrophysical Journal, 553*(1), 47.

16. Freedman, W. L. (2017). Cosmology at a crossroads. *Nature Astronomy, 1*(5), 1–3.

17. Meech, K. J., Weryk, R., Micheli, M., Kleyna, J. T., Hainaut, O. R., Jedicke, R., ... & Denneau, L. (2017). A brief visit from a red and extremely elongated interstellar asteroid. *Nature, 552*(7685), 378–381.

18. Oumuamua ISSI Team. (2019). The Natural History of Oumuamua. *arXiv preprint arXiv:1907.01910.*

19. Lustig-Yaeger, J., Meadows, V. S., & Lincowski, A. P. (2019). The detectability and characterization of the TRAPPIST-1 exoplanet atmospheres with JWST. *The Astronomical Journal, 158*(1), 27.

20. Hashimoto, T., Laporte, N., Mawatari, K., Ellis, R. S., Inoue, A. K., Zackrisson, E., ... & Fletcher, T. (2018). The onset of star formation 250 million years after the Big Bang. *Nature, 557*(7705), 392–395.

21. Schwieterman, E. W., Reinhard, C. T., Olson, S. L., Ozaki, K., Harman, C. E., Hong, P. K., & Lyons, T. W. (2019). Rethinking CO Antibiosignatures in the Search for Life Beyond the Solar System. *The Astrophysical Journal, 874*(1), 9.

22. Anglada-Escudé, G., Amado, P. J., Barnes, J., Berdiñas, Z. M., Butler, R. P.,

Coleman, G. A., ... & Jeffers, S. V. (2016). A terrestrial planet candidate in a temperate orbit around Proxima Centauri. *Nature*, *536*(7617), 437–440.

23. https://www.nytimes.com/2015/03/28/opinion/sunday/messaging-the-stars.html

24. Lipman, D., Isaacson, H., Siemion, A. P., Lebofsky, M., Price, D. C., MacMahon, D., ... & Hellbourg, G. (2019). The Breakthrough Listen Search for Intelligent Life: Searching Boyajian's Star for Laser Line Emission. *Publications of the Astronomical Society of the Pacific*, *131*(997), 034202.

25. Martinez, M. A., Stone, N. C., & Metzger, B. D. (2019). Orphaned exomoons: Tidal detachment and evaporation following an exoplanet–star collision. *Monthly Notices of the Royal Astronomical Society*, *489*(4), 5119–5135.

26. Schmidt, E. G. (2019). A Search for Analogs of KIC 8462852 (Boyajian's Star): A Proof of Concept and the First Candidates. *The Astrophysical Journal Letters*, *880*(1), L7.

27. Greaves, J. S., Richards, A. M., Bains, W., Rimmer, P. B., Sagawa, H., Clements, D. L., ... & Drabek-Maunder, E. (2020). Phosphine gas in the cloud decks of Venus. *Nature Astronomy*, *1*–10.

28. Waite, J. H., Glein, C. R., Perryman, R. S., Teolis, B. D., Magee, B. A., Miller, G., ... & Lunine, J. I. (2017). Cassini finds molecular hydrogen in the Enceladus plume: evidence for hydrothermal processes. *Science*, *356*(6334), 155–159.

29. ten Kate, I. L. (2018). Organic molecules on Mars. *Science*, *360*(6393), 1068–1069.

30. Orosei, R. O. B. E. R. T. O., Lauro, S. E., Pettinelli, E., Cicchetti, A. N. D. R. E. A., Coradini, M., Cosciotti, B., ... & Soldovieri, F. (2018). Radar evidence of subglacial liquid water on Mars. *Science*, *361*(6401), 490–493.

31. Schorghofer, N. (2020). Mars: Quantitative Evaluation of Crocus Melting behind Boulders. *The Astrophysical Journal*, *890*(1), 49.

32. Teachey, A., & Kipping, D. M. (2018). Evidence for a large exomoon orbiting Kepler-1625b. *Science Advances*, *4*(10), eaav1784.

33. Li, S., Lucey, P. G., Milliken, R. E., Hayne, P. O., Fisher, E., Williams, J. P., ... & Elphic, R. C. (2018). Direct evidence of surface exposed water ice in the lunar polar regions. *Proceedings of the National Academy of Sciences*, *115*(36), 8907–8912.

지구인의 우주공부

초판 1쇄 발행 · 2021년 1월 19일
초판 6쇄 발행 · 2024년 5월 30일

지은이 · 이명현
책임편집 · 박소현
디자인 · 주수현

펴낸곳 · (주)바다출판사
주소 · 서울시 마포구 성지1길 30 3층
전화 · 02-322-3675(편집) 02-322-3575(마케팅)
팩스 · 02-322-3858
이메일 · badabooks@daum.net
홈페이지 · www.badabooks.co.kr

ISBN 979-11-89932-97-8 03440